本书的出版得到国家自然科学基金项目“农村居民生活垃圾分类行为发生机制、溢出效应与引导政策研究”（项目批准号：72064030）、江西省社会科学基金项目“农村居民生活亲环境行为私领域对公领域的溢出效应研究”（项目批准号：21GL41D）、江西省高校人文社会科学研究项目“农业生态保护政策对农村居民生活垃圾分类行为的溢出效应研究”（项目批准号：GL21132）的联合资助

农村居民生活垃圾分类行为发生机制与引导政策研究

刘长进 著

Research on the Generation Mechanism and Guiding Policies of Rural Residents' Household Waste Classification Behavior

图书在版编目（CIP）数据

农村居民生活垃圾分类行为发生机制与引导政策研究 / 刘长进著. -- 北京 : 经济管理出版社，2024. -- ISBN 978-7-5096-9722-1

Ⅰ. X799.305

中国国家版本馆 CIP 数据核字第 2024RP9952 号

组稿编辑：丁慧敏
责任编辑：董杉珊
责任印制：许　艳

出版发行：经济管理出版社
（北京市海淀区北蜂窝 8 号中雅大厦 A 座 11 层　100038）
网　　址：www. E-mp. com. cn
电　　话：（010）51915602
印　　刷：唐山昊达印刷有限公司
经　　销：新华书店
开　　本：720mm×1000mm/16
印　　张：12. 25
字　　数：227 千字
版　　次：2024 年 11 月第 1 版　　2024 年 11 月第 1 次印刷
书　　号：ISBN　978-7-5096-9722-1
定　　价：98. 00 元

前　言

建设宜居宜业和美乡村是实现中国式现代化的重要举措。党的二十大报告明确提出，“统筹乡村基础设施和公共服务布局，建设宜居宜业和美乡村”。推动农村生活垃圾源头分类减量是建设宜居宜业和美乡村的重要抓手。2017 年 3 月 18 日，国家发展改革委、住房和城乡建设部共同发布的《生活垃圾分类制度实施方案》中提出，“将生活垃圾分类作为推进绿色发展的重要举措”。2018 年，《农村人居环境整治三年行动方案》《乡村振兴战略规划（2018—2022 年）》都明确要求有条件的地区要推行垃圾就地分类和资源化利用。2022 年，中共中央办公厅、国务院办公厅印发的《乡村建设行动实施方案》强调，“推动农村生活垃圾分类减量与资源化处理利用”。2023 年的中央一号文件指出，“推动农村生活垃圾源头分类减量，及时清运处置”，“扎实推进宜居宜业和美乡村建设”；2024 年的中央一号文件再次要求，“健全农村生活垃圾分类收运处置体系，完善农村再生资源回收利用网络”。农村居民是农村生活垃圾源头分类减量实施的主体，要推进宜居宜业和美乡村建设，关键是要农村居民在生活中实施垃圾源头分类。然而，由于生活垃圾分类具有外部性，农村居民的环保意识不强、缺乏垃圾分类知识，以及村庄没有配备垃圾分类设施、垃圾分类转运体系不健全等，有很多农村居民在生活中并未实施垃圾源头分类。因此，如何引导农村居民在生活中自愿进行垃圾源头分类，是推进宜居宜业和美乡村建设过程中亟须解决的重要问题。

本书的研究目标包括：①根据农村居民生活垃圾分类行为决策过程，从农村居民生活垃圾分类水平、持续垃圾分类行为和垃圾分类行为习惯三个层面，探究数字素养对农村居民生活垃圾分类行为决策的影响机制。②从行为动机的视角，在将农村居民自愿垃圾分类行为划分为自愿垃圾分类素养行为、自愿人际型分类行为和自愿公民型分类行为的基础上，探究新媒体使用、政府政策对农村居民不同类型自愿垃圾分类行为的作用机理。③从系统的整体视角，探究农村居民自愿垃圾分类行为的关键驱动路径。④从行为溢出的视角，探明农村居民过去生产亲环境行为经历影响其自愿垃圾分类行为的作用机理，为完善和优化农村生产和生活环境政策提供决策参考。⑤从组态的视角，挖掘农村居民自愿垃圾分类行为发生的实现路径，为政府部门优化居民生活垃圾分类引导政策的设计和实施提供理论依据。

本书以国家生态文明试验区（江西）为案例、以农村居民为研究对象，研究农村居民自愿垃圾分类行为的发生机制。本书的主要研究内容如下：

（1）数字素养对农村居民生活垃圾分类行为决策的影响机制研究。

基于国家生态文明试验区（江西）的农村居民实地调查数据，并基于行为发生与行为习惯形成理论，沿着“行为发生—行为习惯养成”的逻辑思路，以垃圾分类认知和个人规范为中介变量，探究数字素养对农村居民生活垃圾分类行为决策（生活垃圾分类水平、持续垃圾分类行为和垃圾分类行为习惯）的影响及作用路径。研究发现：①数字素养对农村居民生活垃圾分类水平和垃圾分类行为习惯均有直接正向影响，但对农村居民生活垃圾持续分类行为的直接影响不显著。②垃圾分类认知和个人规范在数字素养影响农村居民生活垃圾分类水平和垃圾分类行为习惯中起部分中介作用，但在数字素养影响农村居民生活垃圾持续分类行为的过程中发挥着完全中介作用。

（2）新媒体使用对农村居民不同类型自愿生活垃圾分类行为的影响机制研究。

基于国家生态文明试验区（江西）的农村居民调研数据，并基于刺激—机体—反应理论，以生态价值观为中介变量，以数字素养、社会网络和社会信任为调节变量，在将农村居民自愿生活垃圾分类行为划分为自愿垃圾分类素养行为、自愿人际型分类行为和自愿公民型分类行为的基础上，探讨新媒体使用对农村居民不同类型自愿垃圾分类行为的影响及其中介机制和边界条件，并进一步运用模糊集定性比较分析（Fuzzy-set Qualitative Comparative Analysis，fsQCA）方法，探究农村居民不同类型自愿垃圾分类行为发生的实现路径。研究表明：①新媒体使用对农村居民不同类型自愿生活垃圾分类行为的影响存在差异。具体而言，农村居民新媒体使用能直接促进其自愿垃圾分类素养行为和自愿公民型分类行为，但对自愿人际型分类行为没有显著直接影响。②生态价值观在新媒体使用影响农村居民自愿垃圾分类素养行为、自愿公民型分类行为的过程中存在部分中介效应，而在对自愿人际型分类行为的影响中发挥着完全中介作用。③数字素养不仅会增强新媒体使用与农村居民的生态价值观之间的正向关系，而且会正向调节生态价值观在新媒体使用与农村居民自愿垃圾分类素养行为、自愿人际型分类行为和自愿公民型分类行为之间的中介作用。④社会网络和社会信任在新媒体使用对农村居民自愿生活垃圾分类素养行为的促进作用中皆发挥了正向调节作用；社会网络负向调节了新媒体使用与农村居民自愿人际型分类行为的关系。⑤新媒体使用与其他因素共同驱动农村居民自愿垃圾分类行为发生有多条等效路径，农村居民自愿垃圾分类行为、自愿人际型分类行为和自愿公民型分类行为的前因组态分别有两条、两条和三条。

（3）政府政策、村规民约对农村居民不同类型自愿生活垃圾分类行为的影响研究。

利用国家生态文明试验区（江西）农村居民的调研数据，在将农村居民自愿生活垃圾分类行为划分为自愿垃圾分类素养行为、自愿人际型分类行为和自愿公民型分类行为的基础上，探讨政府政策（沟通扩散型政策、服务型政策）和村规民约对农村居民自愿生活垃圾分类行为的影响，并进一步考察了政府政策与村规民约对农村居民不同类型自愿生活垃圾分类行为的交互效应。研究发现：①政府政策对农村居民自愿生活垃圾分类行为的影响存在差异。沟通扩散型政策对农村居民自愿生活垃圾分类行为（自愿垃圾分类素养行为、自愿人际型分类行为、自愿公民型分类行为）有正向影响。服务型政策仅对自愿垃圾分类素养行为和自愿人际型分类行为有促进作用。②村规民约有利于促进农村居民实施自愿人际型分类行为、自愿公民型分类行为。沟通扩散型政策和村规民约对农村居民自愿垃圾分类素养行为的影响存在替代效应；服务型政策和村规民约对农村居民自愿公民型分类行为的影响具有互补效应。

（4）规范激活理论视角下农村居民自愿生活垃圾分类行为研究。

基于国家生态文明试验区（江西）农村居民的调查数据，将社会规范和生态价值观引入规范激活理论分析框架，研究农村居民自愿生活垃圾分类行为的发生机制。结果表明：①责任归属、后果意识能通过激活农村居民个人规范影响农村居民自愿生活垃圾分类行为。②生态价值观、社会规范不仅对农村居民自愿生活垃圾分类行为有直接影响，而且通过个人规范对农村居民自愿生活垃圾分类行为产生间接影响。

（5）农村居民亲环境生产行为对其自愿生活垃圾分类行为溢出效应研究。

基于国家生态文明试验区（江西）农村居民的调研数据，从亲环境行为溢出的视角，以社会信任水平为中介变量，考察农村居民过去生产亲环境行为对其自愿垃圾分类行为的影响。研究发现：①农村居民过往生产亲环境行为对其自愿参与生活垃圾分类有促进作用。②农村居民的过往生产亲环境行为可以通过提高社会信任水平这一路径，对其自愿垃圾分类行为产生积极影响。③农村居民的过往生产亲环境行为对其主动生活垃圾分类行为的影响在社会人口统计特征上存在异质性。具体而言，在高教育水平组中农村居民亲环境生产行为具有正向溢出效应，但在低教育水平组中溢出效应不显著；在低收入组中农村居民亲环境生产行为具有正向溢出效应，但在高收入组中溢出效应不显著；从不同健康状况视角来看，农村居民的过往生产亲环境行为对自愿生活垃圾分类行为的影响皆显著为正，且这种积极作用在健康状况较差组更为明显。

（6）农村居民自愿生活垃圾分类行为的动力因素及其驱动路径研究。

基于国家生态文明试验区（江西）农村居民的调查数据，运用多元线性回归分析和解释结构模型（ISM）来探究农村居民生活自愿垃圾分类行为的动力影响及其层次结构。研究表明：①受教育程度、信息型政策、父辈生态知识、父辈身教、制度信任以及生态价值观显著正向影响农村居民自愿生活垃圾分类行为。②农村居民自愿生活垃圾分类行为的影响因素中，信息型政策是深层根源因素，受教育程度、父辈生态知识、父辈身教、制度信任是中间层间接因素，生态价值观是表层直接因素。

（7）农村居民自愿生活垃圾分类行为发生组态路径研究。

从组态视角，运用模糊集定性比较分析（fsQCA）方法，从个体心理和外部情境两个层面探讨影响农村居民生活垃圾自觉分类行为的多重并发因素及作用机理。研究结果表明：①驱动农村居民高水平生活垃圾分类行为发生的路径有五条。②在自我效能感、服务型政策、沟通扩散型政策的作用下，生态价值观与环境责任感有等效替代作用。③个体心理因素比外部情境因素的影响作用更大，但单一的个体心理因素难以发挥作用，需要与外部情境因素协同联动。④农村居民高水平与非高水平生活垃圾自觉分类行为的驱动机制存在因果非对称关系。

（8）农村居民生活垃圾分类行为习惯养成影响因素研究。

基于国家生态文明试验区（江西）的调研数据，探讨农村居民生活垃圾分类行为习惯养成的影响因素。研究发现：①垃圾分类设施、垃圾分类政策宣传、经济奖励、生活垃圾分类行为频率、新媒体使用、环境认知和环境情感均对农村居民生活垃圾分类行为习惯有显著的影响。②农村居民生活垃圾分类行为习惯的影响因素存在年龄差异。

本书的创新之处主要体现在研究视角、研究内容和研究方法三个方面。

（1）研究视角创新。第一，从行为主动的视角，研究农村居民自愿垃圾分类行为的发生机制，将居民生活垃圾分类行为的研究深化到主动层面，拓展了居民生活垃圾分类行为的研究。第二，从行为溢出的视角，探究农村居民过去生产亲环境行为对其后续自愿垃圾分类行为的影响，拓展了居民环境行为溢出效应的研究。

（2）研究内容创新。第一，厘清了数字素养对农村居民生活垃圾分类行为决策的影响机制，将数字素养对居民生活垃圾分类影响的研究从垃圾分类水平深化到持续垃圾分类、垃圾分类行为习惯养成层面，拓展了居民生活垃圾分类行为决策的研究。第二，探明了新媒体使用、政府政策对农村居民不同类型自愿垃圾分类行为的影响机制，深化了学术界对前因变量居民自愿垃圾分类素养行为、自愿人际型分类行为和自愿公民型分类行为的认识。第三，解析了农村居民自愿垃圾分类行为的关键驱动路径；识别了农村居民生活垃圾分类行为习惯养成的主要影响因素，为有效引导农村居民在生活中自觉践行垃圾分类、养成垃圾分类行为习惯提供新的研究思路。

（3）研究方法创新。学术界已经认同农村居民生活垃圾分类行为是内外部多种因素共同作用的结果，并且这些影响因素之间经常相互依赖且共同驱动农村居民生活垃圾分类行为的发生。也就是说，农村居民生活垃圾分类行为前因是多重并发的。虽然学者们基于自变量相互独立、单向线性关系和因果对称性的统计技术，在控制其他因素的情况下，分析了单一因素对农村居民生活垃圾分类行为影响的边际“净效应”，但这并不能解释影响因素相互依赖及其构成的组态，也不能解释如何影响农村居民生活垃圾分类行为复杂的因果关系。而模糊集定性比较分析（fsQCA）方法适合用于探究多因素组合状态下的影响路径，因此本书采用该方法，从组态视角分析了农村居民自愿垃圾分类行为发生的实现路径，拓展了居民生活垃圾分类行为的研究。

本书是国家自然科学基金地区项目“农村居民生活垃圾分类行为发生机制、溢出效应与引导政策研究”（项目批准号：72064030）的研究成果之一。

课题研究历时四年，感谢江西师范大学商学院杨晶副教授、钟成林副教授、陈武副教授和滕玉华副教授参与本项目的调研和指导工作；感谢江西师范大学商学院硕士研究生李宁、邹阳、刘园、陆胤健、胡美和欧阳文丽等；感谢江西农业大学经济管理学院博士研究生张天东；感谢参与本项目的笔者的硕士研究生王俊雅、李川桀和周晶等；感谢经济管理出版社丁慧敏编辑的辛勤付出。本书在撰写过程中参阅了国内外环境行为、农村可持续发展方面的相关文献，感谢这些文献的作者。

目　录

第一章　导论

第一节　研究背景与研究意义

一、研究背景

引导农村居民在生活中实施垃圾源头分类是改善农村人居环境、推进宜居宜业和美乡村建设的重要途径。2017 年 3 月 18 日，国家发展改革委、住房和城乡建设部共同发布的《生活垃圾分类制度实施方案》中提出，“将生活垃圾分类作为推进绿色发展的重要举措”。2018 年，《农村人居环境整治三年行动方案》《乡村振兴战略规划（2018—2022 年）》都明确要求，有条件的地区要推行垃圾就地分类和资源化利用。党的十九大报告又强调，要“加强固体废弃物和垃圾处置”，“构建政府为主导、企业为主体、社会组织和公众共同参与的环境治理体系”。可见，政府高度重视公众在生活垃圾分类中的作用。

在此背景下，如何更好地引导公众对生活垃圾进行分类引起了学者们的广泛关注，许多学者对此展开了深入研究，并取得了丰硕的成果。关于农村生活垃圾的研究主要集中在农村生活垃圾分类治理模式（姜利娜、赵霞，2020；贾亚娟等，2019；孙旭友，2019）、农户生活垃圾集中处理（唐林等，2020；许增巍等，2016；程志华，2016）、农户生活垃圾处理与治理（贾亚娟、赵敏娟，2020；郑淋议等，2019；崔亚飞、Bluemling，2018）、农村生活垃圾处理服务（王金霞等，2011；王爱琴等，2016）、农村垃圾治理中公众参与行为（王学婷等，2019；曾云敏、赵细康，2018；邱成梅等，2022）等方面。关于城市生活垃圾的研究主要集中在城市居民生活垃圾分类行为的影响因素（陈飞宇，2018；曲英，2007；孟小燕，2019；徐林等，2017；娄敏，2020；王晓楠，2019；谢琨、樊允路，2020；杜欢政、刘飞仁，2020）、城市生活垃圾管理政策（宋国君、代兴良，2020）、城市垃圾分类政社合作的影响因素（谭爽，2019）、城市生活垃圾产生的影响因素（王琛等，2020）、城市生活垃圾分类治理（贾文龙，2020；杜春林、黄涛珍，2019）等方面。现有研究呈现出以下三个特点：一是从宏观（农村）或中观（农户）层面研究农村生活垃圾治理和处理的文献较多，而从微观（农村居民）层面研究农村生活垃圾分类行为发生机理的文献偏少；二是探讨居民生活垃圾分类行为影响因素的文献居多，而研究居民自愿垃圾分类行为的文献还尚待完善；三是研究居民生活垃圾分类行为的大多基于城市居民，而以农村居民为考察对象的研究偏少。相对于城市居民，农村居民居住分散，农村居民在生活垃圾收集与处理方式、环保意识和垃圾分类知识等方面都与城市居民存在差别。因此，为了推进宜居宜业和美乡村建设，需要对农村居民自愿垃圾分类行为的发生机制展开深入研究。

2016 年 8 月，江西省成为我国首批全境列入国家生态文明试验区的省份之一；2017 年 10 月，中共中央办公厅、国务院办公厅印发了《国家生态文明试验区（江西）实施方案》，该实施方案明确指出，“鼓励农村生活垃圾分类和资源化利用”。2017 年，江西省的 3 个县（市）（瑞昌市、崇义县、靖安县）被住房和城乡建设部办公厅列入第一批农村生活垃圾分类和资源化利用示范县（市）；2019 年 8 月，江西省住房和城乡建设厅决定在 14 个县（市、区）试点开展农村垃圾分类减量和资源化利用工作。农村居民是农村生活垃圾源头分类的主体，有效引导农村居民在生活中主动实施生活垃圾分类对于推进宜居宜业和美乡村至关重要。因此，我们有必要从农村居民生活角度来探讨以下问题：农村居民自愿垃圾分类行为是如何发生的，引导政策如何影响农村居民自愿垃圾分类行为，政府引导政策的路径应该如何选择，等等。而已有的相关研究恰好给我们留下研究的空间，更重要的是，我们认为准确回答这些问题是政府有效引导农村居民在生活中自觉进行垃圾分类、进一步推进宜居宜业和美乡村的基础和前提。

鉴于此，本书以农村居民为研究对象，以国家生态文明试验区江西省为案例，基于农村居民的调研数据，探究数字素养对农村居民生活垃圾分类行为决策的影响机制，新媒体使用、政府政策对农村居民不同类型自愿生活垃圾分类行为的影响，农村居民先前的生产亲环境行为对其后续自愿垃圾分类行为的影响；解析农村居民自愿垃圾分类行为的动力因素及其驱动路径；挖掘农村居民自愿垃圾分类行为发生的实现路径；考察农村居民自愿垃圾分类行为习惯养成的影响因素。这有助于为政府决策部门优化居民生活垃圾分类政策设计与实施方式提供科学依据。

二、研究意义

（一）理论意义

第一，从行为主动的视角，探究农村居民自愿垃圾分类行为的发生机制，将居民生活垃圾分类行为的研究深化到主动层面，拓展了居民生活垃圾分类行为研究的层次。第二，从行为溢出的视角，探明农村居民先前的生产亲环境行为经历影响其后续自愿垃圾分类行为的作用机理，深化了居民亲环境行为溢出的理论研究。第三，采用模糊集定性比较分析方法，挖掘了农村居民自愿垃圾分类行为发生的实现路径，深化了居民生活垃圾分类行为的理论研究。

（二）现实意义

第一，关于数字素养对农村居民生活垃圾分类行为决策影响的研究，可为政府部门有效引导居民在生活中主动实施垃圾源头分类提供新的思路。第二，关于农村居民自愿垃圾分类行为发生机制的研究，不仅有助于识别影响农村居民生活垃圾分类行为的内外部因素，而且可为有效引导农村居民自觉践行生活垃圾分类提供实践指导。第三，关于农村居民自愿垃圾分类行为发生实现路径的研究，可以为政府科学完善生活垃圾分类引导政策设计和实施提供决策参考。

第二节　核心概念界定

一、农村居民

对于农村居民的界定，学术界尚未形成明确、统一的概念。1958 年，全国人大常委会通过的《中华人民共和国户口登记条例》，将城乡居民区分为“农业户口”和“非农业户口”两种户籍。2014 年，《国务院关于进一步推进户籍制度改革的意见》中明确提出，“建立城乡统一的户口登记制度。取消农业户口与非农业户口性质区分，统一登记为居民户口”。现有研究文献中，一些学者根据居住时间来界定居民类型，例如：刘伟和蔡志洲（2016）将在农村居住半年以上的人口划分为农村居民；李佳洺等（2017）也采用了这种划分方式，将在城镇居住半年以上的外来人口视为城镇居民。为了更好地研究农村居民生活垃圾分类行为，借鉴这些学者的定义，本书把农村居民界定为“长期居住在农村（居住时间半年以上）的中国公民”。根据这个定义，本书的研究对象包括从事农业生产的农村人口，以及从事非农生产的农村人口（如教育、医疗、卫生等领域的工作人员，以及基层政府工作人员等），而居住时间少于半年的农村人口（如外出务工、与子女生活在城镇等）不纳入研究范畴。

二、农村居民自愿垃圾分类行为

现有关于农村居民自愿垃圾分类行为概念的研究比较少。农村居民自愿垃圾分类行为既是一种生活垃圾分类行为，也是一种自愿亲环境行为。在界定农村居民自愿垃圾分类行为概念时，可借鉴居民生活垃圾分类行为和农村居民自愿亲环境行为的相关研究。

关于生活垃圾分类行为的概念，国内外学者还没有统一的结论，不同学者有着不同的理解。Jank 等（2015）认为，垃圾源头分类是指根据不同的分类标准，将城市固体废弃物中的可回收利用垃圾和填埋垃圾进行源头分离，以降低其后期处置难度，加强资源的回收利用并减少填埋所造成的环境损害。曲英（2007）将生活垃圾源头分类行为定义为城市居民将产生的生活垃圾按规定的类别分类收集，并将这些分类收集的垃圾投放到指定地点或卖掉的行为。陈飞宇（2018）认为，垃圾分类行为是指在垃圾管理的过程中，城市居民作为垃圾产生和处理的源头，将其按规定类别进行分类收集，并投放到指定地点，进而降低垃圾的处置难度，促进实现垃圾无害化、资源化和减量化的行为。关于农村居民自愿亲环境行为的概念，现有研究尚未形成一致的结论。芦慧等（2020）认为，居民内源（主动）亲环境行为是指个体受到内在动机的驱动，出于自愿、自觉或积极响应主流价值观等目的而主动实施亲环境的行为。岳婷等（2022）将居民自愿减碳行为界定为在人与自然和谐共处背景下，居民自觉节约资源、保护环境，并选择低能耗、低污染且有利于居民健康发展的长期生活方式。滕玉华等（2017）将农村居民自愿亲环境行为定义为农村居民出于对环保制度规范的认可，主动遵循环保规范，在生活中自觉实施亲环境的行为。借鉴上述研究对居民生活垃圾分类行为和农村居民自愿亲环境行为的界定，结合农村居民的特点，本书将“农村居民自愿垃圾分类行为”界定为“农村居民主动将生活垃圾按规定类别进行分类收集，并投放到指定地点，以降低垃圾的处置难度，促进实现垃圾无害化、资源化和减量化的行为”。

关于居民生活垃圾分类行为的结构，陈飞宇（2018）从城市居民垃圾分类的行为动机的视角，将垃圾分类行为划分为：决策型分类行为、习惯型分类行为、人际型分类行为和公民型分类行为。关于居民自愿亲环境行为的结构，岳婷等（2022）根据行为特征并结合质性研究的方法，将居民自愿减碳行为划分为自愿减碳素养行为、自愿减碳人际行为和自愿减碳公民行为。参考陈飞宇（2018）和岳婷等（2022）的研究，结合农村居民的实地调研情况，本书从农村居民生活垃圾分类行为动机的视角，将“农村居民自愿生活垃圾分类行为”划分为三类：自愿垃圾分类素养行为、自愿人际型分类行为和自愿公民型分类行为。自愿垃圾分类素养行为是指农村居民基于自身的生活习惯，在日常生活中主动对垃圾进行分类的行为；自愿人际型分类行为是指农村居民通过主动的人际活动，增强他人的环保意识，改变他人对垃圾分类的态度和行为，推动他人在生活中主动进行垃圾分类的行为；自愿公民型分类行为则是指农村居民出于对社会的责任感和公民意识，在生活中积极实施垃圾分类的行为。

第三节　文献综述

一、居民垃圾分类行为影响因素的研究

已有研究居民垃圾分类行为影响因素的文献，主要集中在研究心理因素、人口统计学变量、情境因素等方面。

（一）心理因素

在现有文献中，影响居民垃圾分类行为的心理因素有很多，如环境价值观、环境情感、垃圾分类知识等。结合研究内容和相关研究文献，本书有选择地对部分心理因素进行综述。

1. 环境价值观

环境价值观是指个人对环境及相关问题所持有的价值观导向，是直接针对环境保护和环境义务赞成或支持的行为（McMillan 等，2004；Barr，2003）。一些研究表明，环境价值观会影响居民垃圾分类行为。例如，王晓楠（2019）发现，环境价值观不仅对居民垃圾分类行为有直接效应，而且通过感知行为控制间接影响居民垃圾分类行为。陈飞宇（2018）研究表明，社会价值观不仅对城市居民垃圾分类行为有直接影响，而且通过分类授权感知间接影响城市居民垃圾分类行为。曲英（2007）发现，利他环境价值观通过居民生活垃圾源头分类意愿间接影响垃圾分类行为。

2. 环境情感

环境情感是个体对环境问题或环境行为是否满足自己的需要而产生的态度体验，它既可能是积极、肯定的态度反映（如热爱、赞许、自豪等），也可能是消极、否定的态度反映（如担忧、羞耻、厌恶等）（王建明，2015）。汪兴东等（2023）研究表明，异质性预期情感（积极/消极）均会对农村居民生活垃圾分类行为有正向影响，且预期积极情感作用更大。刘霁瑶等（2021）研究发现，村庄情感不仅对农户生活垃圾分类意愿有正向影响，而且村庄情感在污染认知影响农户生活垃圾分类意愿中有正向调节作用。李玮等（2021）研究发现，环境情感在宣传教育和垃圾分类意愿的关系中起部分中介的作用。

3. 垃圾分类知识

与垃圾分类相关的知识主要包括一般的环境知识和具体的环境知识（如垃圾分类知识）。关于垃圾分类知识对居民垃圾分类行为的影响，不同的知识对垃圾分类回收行为的影响显著不同：一般的环境知识对人们的分类回收行为的影响相对较小，具体的分类回收知识对行为的作用重要而显著（Gamba 和 Oskamp，1994）。具有一定的分类回收知识是居民进行垃圾分类的前提（Simmons 等，1990），分类回收的人与不分类回收的人最大的区别在于分类回收知识的差别（Vining 和 Ebreo，1990），人们所掌握的垃圾分类知识和信息越多，越有可能进行垃圾分类（do Valle 等，2004；Vicente 和 Reis，2008）。但也有研究表明，分类知识与垃圾管理行为之间并不存在显著的相关性（Mousavi 等，2016）。

4. 感知因素

已有感知因素对居民垃圾分类行为影响的研究，主要将关注点放置在价值感知、政策有效性感知、道德价值感知、知觉行为控制及分类授权感知等方面。一是价值感知。价值感知指居民就其所感知的个体利益、社会利益、道德性等进行权衡后对特定行为效用的总体评价，其对于个体的分类态度和情感意识具有深刻的形塑作用（Kirakozian，2016；Chu 和 Chiu，2003；Tonglet 等，2004）。居民对分类行为的价值感知越高，态度就越积极，往往越有可能参与垃圾分类（Pakpour 等，2012；Sanchez 等，2016）。二是政策有效性感知。居民对于分类政策是否能够成功实现“垃圾资源化、减量化”目标的主观感知是居民分类行为选择的重要动力（Wan 等，2015）。居民感知到的政策有效性越高，其参与分类的水平也越高（徐林、凌卯亮，2017）。三是道德价值感知。居民对垃圾分类的道德价值感知会影响个体的实际行为倾向。Kirakozian（2016）研究发现，在以集体价值为核心取向的公共道德的约束下，居民往往倾向于做出提高社会福利的行为，如更加积极地参与日常垃圾分类。四是知觉行为控制。当居民对自身所拥有的资源和机会的感知程度越高、对行为预期约束越少时，其往往越可能参与垃圾分类（Pakpour 等，2014；Sanchez 等，2016）。崔亚飞和 Bluemling（2018）认为，外部知觉行为控制既会通过行为意向间接影响生活垃圾处理行为，又会直接影响生活垃圾处理行为。五是分类授权感知。陈飞宇（2018）发现，分类授权感知会影响城市居民垃圾分类行为。

5. 媒介使用

李武等（2023）基于上海市青少年的调查数据进行研究，发现社交媒体的使用可以通过增加主观环境知识和客观环境知识使青少年提高自愿垃圾分类意愿。艾鹏亚、李武（2019）基于 2013 年中国综合社会调查数据研究发现，媒介使用不仅对居民垃圾分类行为有直接的促进作用，而且可以通过环境风险感知、环境知识影响居民垃圾分类行为。韩韶君（2020）发现，媒体对垃圾分类信息的关注对居民垃圾分类行为意愿有促进作用。刘浩等（2021）基于 2016 年中国劳动力动态调查的微观数据研究发现，互联网的使用对农户参与生活垃圾分类处理意愿有提升作用，但不同上网方式的影响效应存在异质性。潘明明（2021）运用豫、鄂、皖三省农户调研数据，研究结果显示，环境新闻报道通过加强农民环境污染社会舆论压力、塑造农民环保价值观和提高农民环境风险感知水平，提升农村居民垃圾分类参与率。张立等（2023）抓取了 2019—2020 年相关政务微博文本及其评论内容，研究表明，动员主体、动员环境、动员内容是在生活垃圾分类政策的新媒体动员中影响显著的三重因素。左孝凡等（2022）发现，互联网的使用对农村居民生活垃圾分类意愿有促进效应的同时，弱化了社会互动对农村居民生活垃圾分类意愿的正向影响，整体上削弱效应大于促进效应。

6. 其他心理变量

众多学者对影响居民垃圾分类行为的其他心理因素进行了研究，如数字素养（朱红根等，2022），环境态度（曲英，2007），预防聚焦、促进聚焦和品质偏好（陈飞宇，2018），主观规范（Wan 等，2015；Nguyen 等，2015；陆莹莹、赵旭，2009；张郁、万心雨，2021），环境关心和制度信任（贾亚娟、赵敏娟，2019），生活习惯（Gu 等，2015），回收习惯（陆莹莹、赵旭，2009），阶层认同（王晓楠，2019），参与废物回收获得的满足感（Deng 等，2013），环保意识和社会责任感（孟小燕，2019），等等。

（二）人口统计学变量

现有研究发现，影响居民垃圾分类行为的人口统计特征变量主要有性别、年龄、收入、受教育程度等。

1. 性别

关于性别对居民垃圾分类行为的影响，现有研究还未得出一致的结论。一些研究表明，性别与居民垃圾回收行为之间没有必然关系（do Valle 等，2004；Schultz，1999；Johnson，2003），但也有研究发现性别与居民垃圾分类行为有关。例如，Zhang 等（2017）发现女性大学生相比于男性更积极地参与垃圾源头分类；Chung（2001）研究却发现，男性比女性更会参与垃圾分类回收行为。徐林、凌卯亮（2017）研究指出，女性参与垃圾分类的平均程度高于男性。

2. 年龄

关于年龄与居民垃圾分类行为之间的关系，现有研究主要有两种观点。一种观点认为，年龄会显著影响居民垃圾分类行为（Lakhan，2014；Sidique 等，2010）。在年龄对居民垃圾分类行为的影响上，已有研究结论存在分歧：有研究认为年龄越大越可能参与垃圾分类回收（Vining 和 Ebreo，1990；Lansana，1992），但也有研究发现年龄和垃圾分类行为负相关（Gamba 和 Oskamp，1994）。另一种观点认为，年龄与居民垃圾分类行为没有关系（Oskamp 等，1991）。

3. 收入

现有研究普遍认为收入会影响居民垃圾分类行为，但关于收入与居民垃圾分类行为之间的关系，现有研究还没有形成统一结论。有研究表明，收入与垃圾分类回收行为之间有较强的正相关性（Vining 和 Ebreo，1990；Gamba 和 Oskamp，1994；Oskmap 等，1991），但也有研究发现收入与垃圾回收率负相关（Grazhdani，2016）。

4. 受教育程度

关于受教育程度对居民垃圾分类行为的影响，现有研究结论还存在分歧：一些研究表明受教育程度与垃圾分类行为之间没有关系（Gamba 和 Oskamp，1994；Oskamp，1991；Hopper 和 Nielson，1991），但也有研究发现受教育程度与垃圾分类行为存在正相关关系（Vining 等，1990；Lansana，1992）。

5. 其他人口统计学变量

学者们还对影响居民生活垃圾分类行为的其他人口统计学因素进行了研究，如村中职务、政治面貌（贾亚娟、赵敏娟，2019）、党员身份、社区干部（韩洪云等，2016）、职业（Babaei 等，2015；徐林、凌卯亮，2017）、家庭规模（Tadesse 等，2008）、房屋所有权（Padilla 和 Trujillo，2018）、房屋结构与房龄（Grazhdani，2016）、月生活支出与家庭住宅面积（陈飞宇，2018；Boonrod 等，2015）等。

（三）情境因素

情境因素是指会对居民垃圾分类行为产生重要影响的外部因素，主要包括基础设施、群体规范、社会资本、便利程度、非正式回收系统和政府政策等。

1. 基础设施

Grazhdani（2016）认为，便利回收设施数量对垃圾处置有重要影响。Bach 等（2004）发现，增加再生资源回收站点数量有助于提高再生资源回收率。Young（1990）研究得出，垃圾回收的设施是否具备、布置是否合理等外部因素对居民实施垃圾回收环保行为有显著影响。Derksen 和 Gatrell（1993）认为，分类垃圾箱的设置和提供水平会影响公众垃圾分类。孟小燕（2019）发现，环境设施和服务对居民生活垃圾处理行为有显著影响。陈绍军等（2015）指出，垃圾分类设施配备对分类行为有显著影响，没有分类垃圾桶会显著地减少垃圾分类行为。

2. 群体规范

个体行为会受到其所处群体背景的影响（Glomb 和 Liao，2003），个体因迫于群体行为的压力，担心会产生人际隔阂或与群体格格不入，而选择跟随或漠视某种行为（Deniz 等，2013）。众多研究表明，群体规范会影响居民垃圾分类行为

（Deng，2013；韩洪云等，2016；Nguyen 等，2015）。Shaw（2008）发现，来自家庭、邻居、同伴和社区等与个体有关群体的压力，会影响其回收行为意愿。Carrus 等（2008）认为，社会规范会影响个体的回收行为，这些规范通过榜样示范的方式促进个体的分类行为。Zhang 等（2017）研究表明，如果身边朋友积极参与垃圾分类，他们也会更愿意参与。陈飞宇（2018）发现，家庭氛围、社会氛围会影响城市居民垃圾分类行为。凌卯亮、徐林（2023）研究表明，社会规范策略有助于提高家庭垃圾分类参与水平，且策略效果在环保偏好或社会资本较弱的人群中更强。

3. 社会资本

张怡等（2022）研究发现，社会网络、社会信任、社会规范等维度社会资本对农村居民生活垃圾分类意愿和行为均有正向影响；从作用机制来看，社会资本通过提升农村居民的环保认知水平，提升和激励其生活垃圾分类意愿和行为。韩洪云等（2016）基于城镇居民调查数据，研究表明，以社会网络、社会规范和社会信任为要素的社会资本有助于提高居民的生活垃圾分类水平。易承志、王艺璇（2021）基于上海市 H 街道三个类型社区的案例比较分析发现，以社会网络、信任和互惠规范为核心内容的社会资本，能够较好地解释存在差异性的社区居民生活垃圾分类行为和社区生活垃圾分类绩效。贾亚娟、赵敏娟（2020）研究表明，社会资本中的社会网络、制度信任、社会参与及社会规范对农户生活垃圾分类水平有提升作用，但人际信任对其分类水平并没有显著影响。

4. 便利程度

Domina 和 Koch（2002）发现，垃圾分类收集站点越接近公众住处、垃圾分类设施设备越完善，公众越有可能实施垃圾分类行为。孟小燕（2019）研究表明，回收设施便利性、分类设施便利性对居民生活垃圾处理行为有显著影响。Tan 等（2018）认为，电子垃圾回收点的距离会改变居民的电子垃圾回收行为。Callan 和 Thomas（1997）指出，路边回收服务、回收设施对垃圾回收产生了积极影响。陈绍军等（2015）发现，垃圾分类行为受便利性影响较大。

5. 非正式回收系统

徐林、凌卯亮（2017）研究表明，非正式垃圾回收市场越繁荣、回收群体越活跃，居民参与垃圾分类的程度越高。问锦尚等（2019）认为，非正式回收系统（小区废品回收）越发达，城市居民实施垃圾分类行为的概率越高。Bach 等（2004）发现，非正规回收市场的存在在一定程度上提高了居民交投废品的便利性，促进了居民投废行为的实施。

6. 政府政策

现有政府政策对居民垃圾分类行为影响的研究主要集中在分析单项政策的效果以及不同政策效果的比较上。总体而言，主要体现在以下两个方面：

（1）单项政策效果的研究。

1）经济激励政策对居民垃圾分类行为的影响研究。经济政策可以提升居民垃圾分类水平，但政策效应会随着政策的截止而消失（Iyer 和 Kashyap，2007）。大量研究表明，经济激励政策可以促进居民垃圾分类（Lakhan，2014；Sidique 等，2010；Schultz 等，1995）。例如，Xu 等（2017）指出，如果提供某种形式的货币奖励，低收入人群通常会进行更多的垃圾分类。Nguyen 等（2015）认为，如果社区成员因回收而得到政府的补偿，会增强其回收的意愿。Grazhdani（2016）指出，经济激励型的措施是有效的，根据垃圾产生量进行收费的方式有助于增强垃圾的回收利用。

2）命令控制型政策对居民垃圾分类行为的影响研究。现有研究表明，命令控制型政策会影响居民垃圾分类行为（Taylor，2000；Lu 和 Li，2009）。例如，Sidique 等（2010）指出，强制性回收对垃圾回收率产生了积极影响。Kinnaman（2005）认为，颁布相关政策后的一两年内国家命令对路边回收的普遍性有积极影响。Starr 和 Nicolson（2015）发现，强制性循环利用可以提高回收利用率。陈飞宇（2018）在协作分类机制中比较有政府约束和无政府约束下个体独立分类和协作分类四种演化博弈，结果表明，在独立分类情境下，无论政府是否采取约束措施，个体均倾向于“搭便车”行为，政府对个体的约束在垃圾分类中面临失灵；在协作分类的情境下，个体的稳定策略均向形成协作分类状态或均不分类的方向演进。杨莉等（2021）发现，制度惩罚对大学生垃圾分类行为有直接显著正向影响。张卓伟、赵霞（2023）认为，监督和惩罚制度均对居民垃圾分类有促进作用。

3）信息型政策对居民垃圾分类行为的影响研究。政府对于分类信息的传递以及与此相关的社区宣传教育活动的组织和开展，可以有效提升居民对于垃圾分类知识的知晓度，并影响居民最终行为的选择（Kirakozian，2016；Starr 和 Nicolson，2015）。有效的分类宣传政策可以推动居民更好地参与垃圾分类（Steg 和 Vlek，2009）。Han 等（2019）发现，接受宣传的村民更愿意参与垃圾分类。Grazhdani（2016）指出，宣传力度与居民废物回收参与率具有较强的正相关性。

问锦尚等（2019）认为，公共宣传教育对受访者的垃圾分类行为有促进作用。刘余等（2023）研究发现，信息干预有助于改善农村居民生活垃圾分类效果，并且技术信息干预效果强于环境信息和健康信息。对不同垃圾类别而言，信息干预效果存在异质性：对于可回收垃圾、厨余垃圾和其他垃圾，环境信息干预效果最为显著；对于有害垃圾，技术信息干预效果最为显著。邱成梅等（2022）研究表明，环境教育有助于提高大学生的垃圾分类行为。何有幸等（2022）发现，环境政策知悉通过影响社会规范和价值认知来影响农户生活垃圾分类意愿。丁志华等（2022）研究表明，官方和非官方信息激励均对居民垃圾分类意愿有直接影响。

4）自愿参与型政策对居民垃圾分类行为的影响研究。Nguyen 等（2015）指出，可采取一些措施来增强社区的信心，如制定明确有效的回收规则、鼓励社区参与、改进垃圾源头分类回收。

（2）不同政策效果的比较研究。近年来，一些学者对不同类型引导政策对居民垃圾分类行为的影响效果进行比较研究（Grazhdani，2016；徐林、凌卯亮，2017），试图通过政策效果对比来寻求引导居民垃圾分类行为的有效政策组合。Iyer 和 Kashyap（2007）指出，相对于经济激励政策，宣传教育政策虽然短期内收效甚微，但比其他类型政策更具有持续性。Grazhdani（2016）认为，经济激励和宣传教育政策都对垃圾处理有积极影响；相对于其他政策，经济激励政策更加有效。徐林、凌卯亮（2017）研究发现，经济激励政策对于居民垃圾分类水平的正向影响高于宣传教育政策。

7. 其他情境因素

一些学者对影响居民生活垃圾分类行为的其他情境因素进行了研究，如项目类型和系统设计（曲英、朱庆华，2010）、标准可识别度和产品技术条件（陈飞宇，2018）、面子观念、村干部监督和保洁员监督（唐林等，2020）、有效的地方领导（Sylvaine，1999）、赋予村民参与决策的权力（Shukor 等，2011）、良好的环境整治制度环境和村民自治制度环境（姜利娜、赵霞，2020）、行政动员（顾丽梅、李欢欢，2021）、动员方式（吕维霞、王超杰，2020）、政府治理能力满意度（贾文龙，2020）等。

二、居民自愿亲环境行为影响因素的研究

现有居民自愿亲环境行为影响因素研究主要集中在以下两个方面：一是农村

居民自愿亲环境行为影响因素的研究。滕玉华等（2022）研究发现，社会网络、制度信任、家庭亲密度、非正式社会支持、沟通扩散型政策、服务型政策、性别、主观规范、生态价值观和面子意识对农村居民自愿亲环境行为有显著影响。芦慧等（2020）研究表明，自利性环保动机对居民的内源亲环境行为有直接正向影响。二是居民不同类型自愿亲环境行为影响因素的研究。岳婷（2022）在将居民自愿减碳行为划分为自愿减碳素养行为、自愿减碳人际行为和自愿减碳公民行为的基础上，研究个体情感因素对居民自愿减碳行为的影响，发现个体情感因素的三个维度，即行为共情、自然共情、代际共情对居民自愿减碳人际行为和自愿减碳公民行为均有正向影响，其中自然共情对自愿减碳素养行为有负向影响；个体情感因素三个维度通过印象管理动机间接影响居民自愿减碳人际行为。

三、农村生活垃圾分类治理的研究

现有关于农村生活垃圾分类治理的研究主要集中在以下三个方面：一是农村生活垃圾分类治理的国际经验及对中国的启示。张利民等（2022）分析了不同类型国家（如北美发达国家、欧洲发达国家、亚洲发达国家及社会转型国家）在农村生活垃圾分类治理过程中的主要经验，认为垃圾分类模式应与当地地理条件及经济社会发展水平相匹配。二是农村生活垃圾分类治理模式。姜利娜、赵霞（2020）根据不同的服务供给主体，将农村生活垃圾分类治理分为四种模式：村民自主供给、市场供给、政府供给和多元共治。其研究认为村“两委”群众基础好、有资金支持的村庄适宜推行村民自主供给模式；政府治理能力较强的乡镇适宜推行政府供给模式；政府治理能力较强、市场竞争相对充分的乡镇适宜推行市场供给模式；各相关主体有较高的资源禀赋，且有完善联动机制的乡镇适宜推行多元共治模式。金莹、田昱翌（2023）根据不同的制度推动原动力，将现有治理模式分为四类：政府主导型、村民自发型、政企合作型和多元共治型。姚金鹏、郑国全（2019）研究认为，农村生活垃圾治理模式主要有政府主导模式、村集体主导模式、村民主导模式和政企合作模式等。三是农村生活垃圾处理农户付费制度。孙慧波、赵霞（2022）认为，现阶段通过合理的制度设计在农村适宜地区推广农村生活垃圾处理农户付费制度是可行的；同时，可采取政社互动的治理模式，由行政村因地制宜地自主确定农村生活垃圾处理农户付费制度的具体实施方案。

四、农村生产垃圾治理的研究

学者们从不同视角对我国农村生产垃圾进行了深入探讨，研究成果丰硕。现有研究主要集中在：农户有机垃圾还田（刘莹、黄季焜，2013）、农户污染物处理行为（徐志刚等，2016）、农户秸秆还田行为（姜维军等，2021；高立等，2019；曹光乔、张凡，2019；吴雪莲，2017）、农业废弃物循环利用（李傲群、李学婷，2019；陈祺琪等，2016；何可等，2014；李鹏等，2014）、秸秆焚烧及治理（司开玲，2018；尚燕等，2018）、农户秸秆利用方式及行为（马恒运，2018；朱清海、雷云，2018；张童朝等，2019；蒋磊，2016）等。

五、文献评述

综上所述，国内外学者基于不同的理论视角，围绕居民垃圾分类行为的影响因素、居民自愿亲环境行为的影响因素、农村生活垃圾分类治理以及农村生产垃圾治理等方面进行了深入分析，取得了大量有价值的成果，为本书研究的开展提供了坚实的理论基础，对探讨农村居民自愿垃圾分类行为有着非常重要的借鉴意义。但综观现有的研究文献，我们发现以下研究空间可以进一步拓展：

（一）研究对象

现有关于农村生活垃圾的研究大多集中在宏观（农村）或中观（农户）层面，从微观（农村居民）层面展开的居民生活垃圾分类行为研究主要集中在城市居民，对于农村居民生活垃圾分类行为的研究比较缺乏。在国家推动居民垃圾分类、建设宜居宜业和美乡村的背景下，虽然近年来有学者开始关注农村生活垃圾处理行为，但仅对农村生活垃圾处理中的某一种行为（如农村生活垃圾的集中处理、生活垃圾支付意愿、生活垃圾是否分类等）进行探讨，而鲜有研究深入刻画农村居民生活垃圾分类行为的发生机制。因此，本书聚焦于探究农村居民生活垃圾分类行为发生机制。

（二）研究内容

首先，对于农村居民自愿垃圾分类行为的发生机制还需进一步探讨。现有关于农村居民生活垃圾分类行为的研究主要聚焦在亲环境行为的影响因素上，忽视了生活垃圾分类行为的主动性问题。而厘清农村居民自愿垃圾分类行为发生机制，可以为政府制定有效引导农村居民主动实施垃圾分类的政策提供决策参考。

其次，农村居民过去生产亲环境行为对其生活垃圾分类行为的溢出效应值得深入分析。现有对于居民环境行为溢出效应的研究较为多见，而农村居民生产亲环境行为发生以后可能会对其生活垃圾分类行为产生溢出效应；目前对于该问题的研究相对缺乏。解释农村居民过去生产亲环境行为如何影响其生活垃圾分类行为，对于优化设计农村生产领域与生活领域的环境政策至关重要。

最后，农村居民生活垃圾分类行为习惯养成值得深入研究。农村居民自愿垃圾分类行为发生后，可能会促使农村居民养成垃圾分类的习惯。目前研究居民生活垃圾分类行为发生后如何养成习惯的文献还很匮乏。而探明农村居民生活垃圾分类行为习惯的影响因素及其作用机理，可为培养农村居民在生活中养成垃圾分类行为习惯提供理论参考。

（三）研究方法

虽然现有研究采用定量分析方法分析了单个因素对农村居民生活垃圾分类行为的影响，但是未厘清驱动农村居民生活垃圾分类行为发生的多重因果逻辑关系。在研究方法上，已有研究大多运用回归思想探求不同变量之间的线性关系，然而，事实上，影响农村居民生活垃圾分类行为的各因素之间并非简单的线性关系；农村居民生活垃圾分类行为的发生是一个复杂过程，是多种因素共同作用、多重因素交织的结果。分析复杂系统问题的关键是从变化多样的组态中找到循环模式（Holland，2014），聚焦于考察变量“净效应”的传统线性分析方法（如回归分析）不适合分析复杂系统，因此需要能够分析变量间相互依赖的“组合”效应的方法论（杜运周、贾良定，2017）。定性比较分析（Qualitative Comparative Analysis，QCA）方法适合研究农村居民生活垃圾分类行为发生的复杂驱动机制。为此，本书除采用传统的线性分析方法外，还采用模糊定性比较分析（fsQCA）方法，研究哪些条件组态以“殊途同归”的方式驱动农村居民自愿垃圾分类行为发生。

第四节　研究内容、研究方法和技术路线

一、研究内容

根据研究目的，本书以微观经济学、行为经济学、社会心理学、环境行为理

论和公共政策理论为基础，探究农村居民自愿生活垃圾分类行为的发生机制，挖掘农村居民自愿垃圾分类行为发生的实现路径；在总结归纳研究结论的基础上，提出有效引导农村居民在生活中自觉实施生活垃圾分类行为的政策建议。本书研究内容共分为十一章，具体章节安排如下：

第一章是导论。介绍本书的基本框架、研究背景、研究意义、研究方法以及技术路线；对农村居民生活垃圾分类行为的相关文献进行综述；提出本书可能的创新之处。

第二章是农村居民垃圾分类行为理论基础。主要介绍农村居民自愿垃圾分类行为和农村居民行为溢出的主要理论基础。

第三章是数字素养对农村居民生活垃圾分类行为决策的影响机制研究。基于行为发生与行为习惯形成理论，基于国家生态文明试验区（江西）的农村居民调研数据，沿着“农村居民生活垃圾分类水平—持续垃圾分类行为—垃圾分类行为习惯”的逻辑思路，探究数字素养对农村居民生活垃圾分类行为决策的影响及作用路径。

第四章是新媒体使用对农村居民不同类型自愿生活垃圾分类行为的影响机制研究。基于“刺激—机体—反应”理论，在将农村居民自愿生活垃圾分类行为划分为自愿垃圾分类素养行为、自愿人际型分类行为和自愿公民型分类行为的基础上，探讨新媒体使用对农村居民不同类型自愿垃圾分类行为的影响及其中介机制和边界条件；并进一步运用模糊集定性比较分析（fsQCA）方法，探究农村居民不同类型自愿垃圾分类行为发生的实现路径。

第五章是政府政策、村规民约对农村居民不同类型自愿生活垃圾分类行为的影响研究。将农村居民自愿生活垃圾分类行为划分为自愿垃圾分类素养行为、自愿人际型分类行为和自愿公民型分类行为三类，利用国家生态文明试验区（江西）农村居民的调研数据，探讨政府政策和村规民约对农村居民不同类型自愿生活垃圾分类行为的影响；在此基础上，考察政府政策与村规民约对农村居民不同类型自愿生活垃圾分类行为的交互效应。

第六章是规范激活理论视角下农村居民自愿生活垃圾分类行为研究。基于国家生态文明试验区（江西）农村居民的调查数据，将社会规范和生态价值观引入规范激活理论分析框架，研究农村居民自愿生活垃圾分类行为的发生机制。

第七章是农村居民自愿生活垃圾分类行为的动力因素及其驱动路径研究。借助多元线性回归分析和解释结构模型（ISM），基于国家生态文明试验区（江西）农村居民调查数据，探究农村居民生活自愿垃圾分类行为的动力因素及其层次结构。

第八章是农村居民亲环境生产行为对其自愿生活垃圾分类行为溢出效应研究。基于国家生态文明试验区（江西）农村居民的调研数据，以社会信任水平为中介变量，从亲环境行为溢出的视角，考察农村居民先前的亲环境生产行为对其后续自愿垃圾分类行为的影响。

第九章是农村居民自愿生活垃圾分类行为发生组态路径研究。运用模糊集定性比较分析（fsQCA）方法，从个体心理和外部情境两个层面探讨影响农村居民自愿生活垃圾分类行为的多重并发因素及作用机理。

第十章是农村居民生活垃圾分类行为习惯养成影响因素研究。基于国家生态文明试验区（江西）农村居民的调研数据，探讨农村居民生活垃圾分类行为习惯养成的影响因素及年龄异质性。

第十一章是农村居民生活垃圾分类引导政策设计研究。

二、研究方法

本书以环境行为和行为习惯的理论为基础，运用文献综述方法、访谈法、问卷调查法、计量经济学、解释结构模型和定性比较分析等方法，研究农村居民生活垃圾行为的发生机制，探究农村居民自愿垃圾分类行为发生的实现路径。主要采用的研究方法有：

（一）文献综述方法

本书采用文献综述方法，回顾居民环境行为相关理论和影响因素，归纳总结居民生活垃圾分类行为概念与结构、居民自愿亲环境行为的相关概念及分类，从而界定农村居民自愿生活垃圾分类行为的概念与结构。

（二）专家访谈与农村居民访谈法

本书通过开放式深度访谈分管农村生活垃圾分类相关部门的负责人、高校环境行为的专家学者和典型农村地区的部分居民，对农村居民在生活中实施垃圾分类行为的动因、农村居民垃圾分类主动性不足的原因、农村居民生活垃圾分类政策实施效果等进行深入的了解，获取第一手信息资料，为理论模型构建和实证分析中的变量测量指标的开发提供依据。

（三）问卷调查法

问卷调查包括预测调查和正式调查两个阶段。预测调查阶段是对本书所开发的初始测量量表进行信度和效度检验；根据预测调查的检验结果，修改完善调查问卷，形成农村居民生活垃圾分类行为的正式调查问卷。本书采用分层随机抽样方法，对国家生态文明试验区（江西）农村居民进行问卷调查，获取本书用于实证研究的第一手数据资料。

（四）计量经济学

本书采用国家生态文明试验区（江西）农村居民的调研数据，借助 Stata 软件，运用中介效应模型，探讨农村居民过往亲环境生产行为经历对其自愿垃圾分类行为的影响；考察后果意识、责任归属、生态价值观和社会规范对农村居民自愿垃圾分类行为的影响。此外，本书采用有调节的中介效应模型，研究新媒体使用对农村居民不同类型自愿生活垃圾分类行为的影响；采用多元回归分析考察农村居民生活垃圾分类行为习惯的影响因素。

（五）解释结构模型

解释结构模型属于结构模型，可把模糊不清的思想和看法转化为直观的、具有良好结构关系的模型。本书在运用多元线性回归分析识别农村居民自愿垃圾分类行为影响因素的基础上，运用解释结构模型解析农村居民自愿垃圾分类行为的影响因素之间的层次结构。

（六）定性比较分析

本书采用模糊集定性比较分析（fsQCA）方法，以农村居民自愿垃圾分类行为为结果变量，以生态价值观、环境责任感、自我效能感、沟通扩散型政策、服务型政策和社会信任为前因条件变量，探究不同前因条件变量间的相互作用和组合关系，挖掘驱动农村居民自愿垃圾分类行为发生的实现路径。

三、技术路线

本书技术路线如图 1-1 所示。

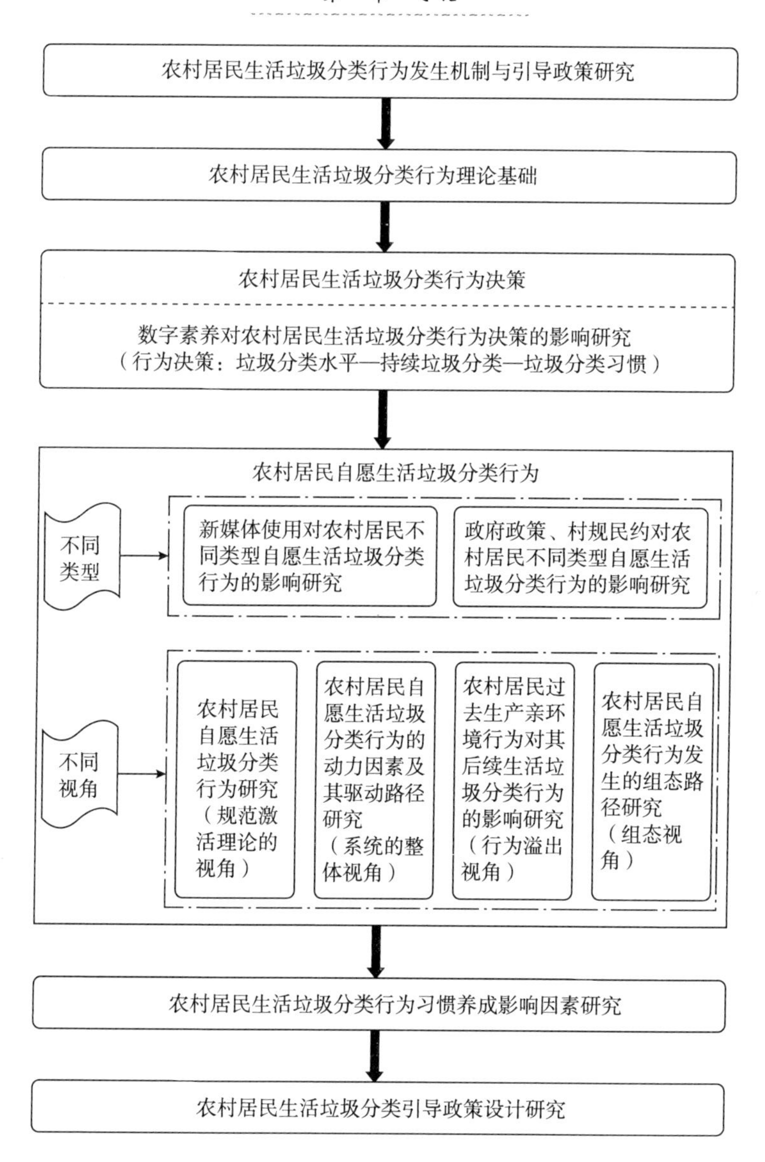

农村居民生活垃圾分类行为发生机制与引导政策研究
农村居民生活垃圾分类行为理论基础
农村居民生活垃圾分类行为决策
数字素养对农村居民生活垃圾分类行为决策的影响研究
（行为决策：垃圾分类水平—持续垃圾分类—垃圾分类习惯）
农村居民自愿生活垃圾分类行为
不同类型
新媒体使用对农村居民不同类型自愿生活垃圾分类行为的影响研究
政府政策、村规民约对农村居民不同类型自愿生活垃圾分类行为的影响研究
不同视角
农村居民自愿生活垃圾分类行为研究（规范激活理论的视角）
农村居民自愿生活垃圾分类行为的动力因素及其驱动路径研究（系统的整体视角）
农村居民过去生产亲环境行为对其后续生活垃圾分类行为的影响研究（行为溢出视角）
农村居民自愿生活垃圾分类行为发生的组态路径研究（组态视角）
农村居民生活垃圾分类行为习惯养成影响因素研究
农村居民生活垃圾分类引导政策设计研究

图 1-1　本书技术路线

第二章　农村居民垃圾分类行为理论基础

第一节　农村居民自愿垃圾分类行为的主要理论基础

一、“刺激—机体—反应”理论

Watson（1919）提出的“刺激—反应”理论认为，人类的复杂行为可以被分解为身体内外部的刺激以及反应两部分。人的心理过程是“黑箱”，是刺激与反应的客观联结，人的行为是对刺激的反应；刺激来自两个方面（身体内部的刺激和身体外部环境的刺激），而反应总是随着刺激呈现。Mehrabian 和 Russell（1974）在环境心理学的基础上，提出了“刺激—机体—反应”理论。该理论主要由环境刺激、人的内在机体状态和行为反应三部分构成。“刺激—机体—反应”理论认为，外部环境刺激能够引起人们机体在情绪和认知上的变化，进而影响人们的行为反应，主要包括接近和回避两种反应。

二、“知—信—行”理论

“知—信—行”理论模式（Knowledge，Attitude/Belief and Practice，KAP）中的“知”是指知识，“信”是指积极的态度和信念，“行”是指行动或行为。“知—信—行”理论模式最初是用来解释个人知识和信念如何影响健康行为改变的最常用模式，也是一种行为干预理论。“知—信—行”理论模式中，“知”是个体行为的基础，“信”是个体行为的动力，“行”是最终目标。该理论将个体行为的改变分为获取知识、产生信念和形成行为三个连续过程，只有在个体获取相关知识使其进行积极思考，且具备较强的责任心后，才能逐渐形成信念。只有当知识变成了信念，才可能促使人们采取积极的态度去改变行为。

三、规范激活理论

Schwartz（1977）提出的规范激活理论认为，被激活的个人规范能够直接影响个体的环保行为。个人规范是从个体内在而生的一种约束力量，对于它的遵守能够为个体带来自豪感和自尊的提升。个人规范被激活有两个前提条件：一是个人需要意识到没有执行亲社会行为会给他人造成不良的后果（后果意识），二是个人需要感到自己对这些不良后果负有责任（责任归属）。当这两个条件之一被满足时，个人规范就能够被激活，且被激活的个人规范会影响个人的行为。该理论认为，未实施利他性行为的不良后果和责任归属感知越强烈，个体的个人规范就越容易被激活，个体实施亲环境行为的可能性就越大。

四、议程设置理论

McCombs 和 Shaw（1972）提出议程设置理论，该理论认为大众传播媒介通过新闻报道和信息传递，赋予各种“议题”不同程度的显著性，从而影响受众对事件重要性的判断。该理论强调大众媒介可以直接把议题的显著性转移给公众，通过大众媒体对于事件的报道影响公众的关注点。

一般来说，议程设置理论的发展经历了五个阶段：①早期研究阶段。在此阶段发现了媒介议程与公众议程之间的关系。②导向性需要阶段。在此阶段，学者们开始关注影响媒体议程设置强度的因素，认为公众的需求会影响媒体议程设置的效果，即“小需求产生弱效应，大需求产生强效应”。③属性议程设置阶段。研究者认为，媒介不仅引导公众关注公共问题或事件，而且还引导公众关心公共问题或事件的属性。④媒介议程形成因素。在此阶段，研究者考察媒介议程如何形成。⑤媒体议程设置对公众及其特征属性的显著性影响阶段。在此阶段，研究者主要探讨媒体的议程设置是否会对人们的态度、观念和行为产生影响，即媒介不仅决定了人们“想什么”，还决定了人们“怎么想”。

五、三元交互决定论

Bandura（1977，1978，1986）指出，人类的大部分思想源于其认知的发展和深入，当认知过程和社会工作处于和谐状态时，就会产生学习效应，在此过程中会形成彼此具有交互作用且两两之间互相影响的三个独立的作用力，即个体因素、环境因素和个体行为，其中，个体因素着重强调个体的认知因素。Bandura（1986）将其命名为“三元交互决定论”。三元交互决定论中的个体因素是指能够引起个体感知和行动的认知或其他内部特征，包括个性特征、态度、意向、情感，以及个体的生理特征（如性别、气质等）；环境因素指能通过个体认知影响个体行为的外在环境；个体行为则是由个体的行动反映、语言反映和社会活动等可观测到的社会活动组成。个体因素受到所处环境和隐含规则的影响，而环境在哪一方面对个体产生影响取决于个体认知导致的个体行为（Bandura，1986）。因此，一般情况下，个体因素、环境因素和个体行为三个交互作用因素之间具有相互依存、相互促进的两两作用关系。

Bandura（1986，1989）指出，三元交互决定论中的个体、环境和行为三个因素的交互作用并不是固定不变的，任何两个因素之间的双向互动关系的强度和模式都随行为、个体、环境的不同和时段的不同而发生变化，三要素依次循环实现交互影响。三元交互决定论适用于研究个体的所有学习行为，是一般学习理论的基石（Bandura，1989）。

六、人际行为理论

Triandis（1979）提出了人际行为模型，认为个体意愿和习惯直接影响个体行为，无论是意向还是习惯对于行为的影响都受到外部促进性条件的调节。态度、社会因素和情感共同作用于个体行为意愿的形成。其中，态度主要是指对行为结果的信念和评价。社会因素包括规范、角色和自我概念三个因素：规范是指约束社会人行为的约定俗成的规范；角色是特定群体所拥有的特定地位对其行为的影响；自我概念是个体对自我的认知。情感对个体特定行为的执行而言，或多或少属于无意识的投入，包括不同强度的积极和消极的情绪反应。人际行为理论认为，习惯性越强，个体对特定行为的思考就越少，特定行为被执行的可能性就越大。

七、一般学习模型

Buckley 和 Anderson（2006）提出了一般学习模型：假设个体变量和环境变量的交互作用激活了个体如认知、情感和生理唤醒等内部状态，该内部状态影响个体对当前行为的评价决策过程，该过程包括“即刻评价”和“重新评价”。即刻评价更为自动化；重新评价则需要更多的认知资源来加工、评价和决策，再决定最终的行为。人们从行为后果的反馈中实现行为的学习，该学习过程既可改变个体变量，也可影响环境变量，从而构成循环的学习过程。每一次循环都是一次学习过程，在这个过程中，各种各样通过不断演练并逐渐自动化的知识结构得以形成。重复暴露在某个刺激面前使得相关的知识结构变得更加具有可得性。随着时间的推移，在未来相似的情境中，这些知识结构较容易地被自动激活，也有可能被使用。

在一般学习模型中，输入变量包括个体变量和情景变量。个体变量主要指学习者的先前知识、情绪状态、信念和其他人格特质等特征。情景变量主要指学习事件发生的环境特征。个体变量和情景变量会影响学习者最后的认知、情感和行为，即一般学习模型的输出变量。学习往往是两类输入变量（个体变量和情景变量）相互作用的复杂结果，它们会影响个体的内在状态（如认知）进而导致个人行为的改变。

八、卢因行为模型

卢因行为理论是由美国社会心理学家库尔特·卢因提出的。卢因行为理论将影响行为主体的因素归纳为两类：个体特质和外部环境。具体表达式如下：

$$B=f(P, E) \qquad (2-1)$$

式（2-1）中，B（Behavior）是指个体行为；P（Personal）是指个体特质，$P=P_1, P_2, \cdots, P_i$，指个体特质的构成要素，如个人生理特征、能力、性格、态度、价值观等；E（Environment）是指个人所处的外部环境，$E=E_1, E_2, \cdots, E_i$，指外部环境的构成要素，如自然环境、社会环境、文化环境等。卢因行为理论表明，人类行为是个人与环境共同作用的结果，人类的行为方式、指向和强度受个人内在因素和外部环境因素的影响和制约。

第二节　农村居民行为溢出的主要理论基础

一、烙印理论

烙印理论起源于生物学领域（Pieper 等，2015）。Stinchcombe 于 1965 年首次将烙印的概念引入组织研究领域。烙印理论认为特定敏感时期的环境会对个体施加重要影响，为了降低不确定性风险，个体会做出适应性改变，形成与外部环境特征匹配的特质，即烙印。这种烙印将持续影响个体行为直至后续环境发生变化，并不会轻易消失。从烙印形成过程来看，该过程涉及三个方面，分别为敏感时期、环境印记和持续影响。从烙印的动态发展来看，个体可能因持续接触与烙印相反的信息，导致烙印的衰退和减弱；抑或因接触到与烙印一致的信息，导致烙印被激活和加强（Marquis 和 Qiao，2020）。从烙印的结果来看，个体经历形成的烙印会改变其认知、结构、文化和资源（Simsek 等，2015），由此建立起新的行为模式和思维方式（Milanov 和 Fernhaber，2009）。

二、认知失调理论

认知失调理论由 Festinger（1962）提出，该理论认为，人们在面临新情境时，个体在心理上会出现新认知与旧认知相冲突的情形，为了避免认知与行为不一致导致的心理压力和焦虑情绪，或防止认知不一致对自我概念造成的威胁，人们会表现出维护行为一致性的天然倾向，这致使个体在不同情境下的行为呈现出相似性和连续性。认知失调理论认为，个体行为遵循两个重要原则：第一，认知失调对个体而言是一种不舒适的体验，因而萌生减少这种不舒适感的行为动机；第二，个体会倾向于回避后续行为与以往行为的失调。为了消除认识失调引发的紧张和不适，人们往往采取两种心理加工策略以实现自我调节：一是否认新认知，仍保持原有的信念或看法；二是获取更多信息，将新认知视为有价值的，实现认知的革新，以新认知取代旧认知（Batson 和 Thompson，2002；Festinger，1962）。

三、目标激活理论

目标是影响人们看待当前情境的重要因素（Gollwitzer 和 Bargh，1996）。Lindenberg 和 Steg（2007）提出的目标激活理论认为，当目标被激活后，该目标将决定个体的注意力焦点，由此衍生出个体对不同信息的敏感度优先序、行动决策倾向以及目标的实现方式。Lindenberg（2001）指出，个体行为的目标动机主要有三种，即享乐目标、收益目标和规范目标。享乐目标强调个体本能上追求身心愉悦；收益目标侧重于个体对资源或利益的追求；规范目标下个体重点寻求对道德规范的遵循或争取集体利益。个体具有追求多重目标的内在倾向，当三类目标相互排斥时，仍存在一个目标起主导作用，这取决于个体的主观判断。在目标框架下，个体的目标一旦被激活，过去的良好行为表现会提升个体实现目标的信心，促使其认为自己有必要达到该目标而继续努力。

四、道德许可理论

道德许可理论包括道德信誉模型和道德证书模型。道德信誉模型认为，当个体过去的善行为自己积累足够多的信誉并且这些信誉足以抵消不道德行为带来的负面后果时，该个体则有可能认为自己有“资格”进行不道德行为（Merritt 等，2010）。道德证书模型从另一个视角提供心理许可，即以往做好事并非许可以后做坏事，而是将做坏事解释为符合道德的（Monin 和 Miller，2001）。道德证书模型认为获得许可所做的坏事并非不道德的，个体从过去道德行为中获得的“道德证书”使其后来的不道德行为的边界模糊起来，进而会认为所做的事是符合道德的，所以也不会降低道德自我感知。当个体以前做的好事足以让其被认定为“好人”后，就获得了做坏事的“特许权”（关涛、康海华，2017）。

第三章　数字素养对农村居民生活垃圾分类行为决策的影响机制研究

第一节　引言

建设宜居宜业和美乡村是实现中国式现代化的重要举措。党的二十大报告明确提出“统筹乡村基础设施和公共服务布局，建设宜居宜业和美乡村”。推动农村生活垃圾源头分类减量是建设宜居宜业和美乡村的重要抓手。2022 年《乡村建设行动实施方案》强调，要“推动农村生活垃圾分类减量与资源化处理利用”。2023 年中央一号文件指出，要“推动农村生活垃圾源头分类减量，及时清运处置”，“扎实推进宜居宜业和美乡村建设”。农村居民是农村生活垃圾源头分类的实施者、监督者和受益者，宜居宜业和美乡村建设向纵深推进迫切需要充分调动农村居民积极参与生活垃圾源头分类。然而，由于农村生活垃圾分类收运处置体系不健全、农村居民环保意识不强和垃圾分类知识缺乏等，在生活中实施垃圾源头分类的农村居民还比较少。在此背景下，探究影响农村居民生活垃圾分类行为决策的关键因素及其作用机制、破解农村居民生活垃圾分类难题，可为有效引导农村居民积极实施生活垃圾分类提供可行思路与政策借鉴。

数字乡村是建设数字中国的重要内容。2019 年，《数字乡村发展战略纲要》提出要提升农民数字化素养；2021 年，《提升全民数字素养与技能行动纲要》明确要求“提升农民数字技能”。已有研究表明，农村居民的数字素养会通过其获取、分享和使用信息的能力影响其亲环境行为决策（苏岚岚、彭艳玲，2022；朱红根等，2022）。农村居民自愿垃圾分类行为是一种亲环境行为，农村居民的数字素养可能会对其自愿垃圾分类行为产生影响。因此，在国家着力提升农民数字素养的背景下，探究农村居民数字素养对其垃圾分类行为决策的影响机制，对于有效引导农村居民在生活中实施垃圾源头分类、加快推进宜居宜业和美乡村建设有重要的现实意义。

现有关于数字素养对居民生活垃圾分类行为决策影响的研究比较少，与本书密切相关的文献主要集中在以下四个方面：一是居民生活垃圾分类行为决策的研究。现有研究主要集中在分析居民生活垃圾分类行为的影响因素，学者们研究发现，影响居民生活垃圾分类行为的因素主要有心理因素（贾亚娟、赵敏娟，2020；汪兴东等，2023）、情景因素（刘余等，2023；孟小燕，2019）和人口统计特征（Zhang 等，2017；徐林等，2017）。二是数字素养对农村生活垃圾分类行为影响的研究。现有关于数字素养对农村生活垃圾分类影响的研究主要从家庭（农户）层面展开。例如，朱红根等（2022）发现，提升农户的数字素养有助于促进其践行垃圾分类行为。三是居民持续亲环境行为的研究。现有居民持续亲环境行为的研究主要关注居民节水行为（王建明、吴龙昌，2016）和农户持续生产亲环境行为（如秸秆持续还田、节水灌溉技术持续采用行为和持续性使用测土配方肥行为等）（盖豪等，2022；薛彩霞等，2018；李莎莎、朱一鸣，2016）。四是居民行为习惯的研究。现有研究主要聚焦在个体行为习惯的测量及其影响因素方面。关于习惯的测量，现有研究主要采用 Verplanken 和 Orbell（2003）编制的自我报告习惯索引（The Self Report Habit Index，SRHI）进行测量；针对居民行为习惯的影响因素，研究发现，影响行为习惯的因素主要有情境因素（如设施、奖励和干预策略等）（Shen 等，2019；杜立婷、李东进，2020）和个体因素（如环境认知和主观规范等）（张毅祥等，2013；Shao 等，2019）。

综上所述，关于农村居民生活垃圾分类的研究成果颇多，但仍存在可拓展的空间：一是研究居民是否参与生活垃圾分类的文献居多，而探讨农村居民持续生活垃圾分类行为和垃圾分类行为习惯的文献比较少。二是研究农村居民生活垃圾分类行为决策影响因素的文献比较多，而考察数字素养对农村居民生活垃圾分类行为决策影响的文献还很匮乏。鉴于此，本书基于国家生态文明试验区（江西）的农村居民问卷调研数据，从农村居民生活垃圾分类水平、持续垃圾分类行为和垃圾分类行为习惯三个层面，探究数字素养对农村居民生活垃圾分类行为决策的影响效应及垃圾分类认知和个人规范的中介效应，以期为政府优化农村生活垃圾分类引导政策提供切实可行的理论依据与实践指导。

第二节　理论分析和研究假说

一、数字素养对农村居民生活垃圾分类行为决策的影响

参考苏岚岚、彭艳玲（2022）和李晓静等（2022）的研究，结合农村居民生活垃圾分类的特点，本书将农村居民数字素养界定为，数字化情境下农村居民在生产和生活实践中所具备的或形成的有关数字知识、数字能力和数字意识的综合体。农村居民的数字素养体现在其数字获取、使用、评价、交互和分享的能力上。

社会说服理论认为，说服可通过传递带有目的性、意识性的信息改变个体的态度，进而转变个体行为。根据社会说服理论，数字素养越高的农村居民获取数字信息的渠道会越多，通过数字工具接触到生活垃圾分类政策宣传信息的可能性就越大。政府可通过对生活垃圾分类的合理性、必要性和效益性等方面进行解释与宣传，使农村居民更好地理解和支持垃圾分类政策。农村居民在生活垃圾分类政策宣传的倾向性引导下，更有可能会基于接收到的垃圾分类政策宣传内容而自觉地实施垃圾分类行为。已有研究表明，政策宣传是影响农村居民亲环境行为的重要因素（盖豪等，2021）。在垃圾分类研究中，有研究发现，接受宣传的村民更愿意参与垃圾分类（Han 等，2019），有效的分类宣传政策可以推动居民更好地参与垃圾分类（Steg 和 Vlek，2009）。以上分析说明，农村居民的数字素养越高，其获得生活垃圾分类政策宣传的信息就越多，农村居民支持垃圾分类政策的可能性就越大，其参与垃圾源头分类的概率就会越高。基于此，本书提出研究假设 H3-1：

H3-1：数字素养对农村居民生活垃圾分类行为决策有显著影响。

二、垃圾分类认知在数字素养影响农村居民生活垃圾分类行为决策中的中介机制

垃圾分类认知是指，农村居民通过各种渠道获取生活垃圾分类信息并对其进行分析、理解，最终形成对生活垃圾分类影响生态环境的认识与评价。数字素养越高的农村居民，使用数字工具搜寻和获取生活垃圾分类与保护环境关系方面信息的能力越强，获取这些信息的成本就会越低，其更有可能充分了解到生活垃圾分类有助于垃圾源头减量和资源化利用。这有利于农村居民深刻认识到垃圾分类的经济价值、社会价值和生态价值，进而减少农村居民资源浪费和环境污染等不良行为。现有研究普遍认为，居民对分类行为的价值感知越高，分类的态度越积极，就越有可能参与垃圾分类（Pakpour 等，2012）。刘余等（2023）发现，环境信息干预能够改善农村居民生活垃圾分类效果。上述分析表明，数字素养不仅会直接影响农村居民生活垃圾分类行为决策，而且会通过垃圾分类认知间接影响农村居民生活垃圾分类行为决策。基于此，本书提出研究假设 H3-2：

H3-2：垃圾分类认知在数字素养对农村居民生活垃圾分类行为决策的影响中有中介作用。

三、个人规范在数字素养影响农村居民生活垃圾分类行为决策中的中介机制

规范激活理论认为，被激活的个人规范是影响个体环保行为的直接因素，个体规范同时受个体结果意识的影响。农村居民的数字素养越高，使用电脑、手机等数字工具浏览信息的频率就越高，在网上接触到视频、图文等视觉化环境污染信息的可能性就越大。这些信息会让农村居民认识到垃圾不分类可能会造成资源浪费、生态环境被破坏以及自身健康受到威胁等诸多不良后果，从而促进农村居民形成生活垃圾分类的个人规范。根据规范激活理论，农村居民对不实施生活垃圾分类的不良后果感知越强烈，个人规范就越容易被激活，农村居民参与生活垃圾源头分类的可能性就越大。上述分析表明，数字素养可能会通过改变个人规范间接影响农村居民生活垃圾分类行为决策。基于此，本书提出研究假设 H3-3：

H3-3：个人规范在数字素养影响农村居民生活垃圾分类行为决策的过程中有中介作用。

第三节 研究设计

一、数据来源

本章所涉及的数据来源于2022年6—10月在国家生态文明试验区（江西）开展的实地调研。2016年，江西省成为首批国家生态文明试验区之一。2017年，《国家生态文明试验区（江西）实施方案》提出“鼓励农村生活垃圾分类和资源化利用”。截至2023年底，江西省有14个县（市、区）试点开展农村垃圾分类减量和资源化利用工作，其中有4个县（市、区）（崇义县、靖安县、瑞昌市和上饶市广丰区）成为国家级农村生活垃圾分类和资源化利用示范县。调查发现，农村居民在日常生活中混装投放垃圾的问题比较突出。因此，以江西省为调研区域研究农村居民生活垃圾分类行为决策有较好的代表性和现实意义。

本书采用分层随机抽样的方法在江西省选择样本农村居民，以问卷的形式共调查了774个农村居民，剔除数据不全和前后矛盾的无效调查问卷后，共得到712份有效问卷，有效率为92%。本书的样本特征如下：在性别方面，男性占总样本的比重为54.78%；在收入方面，样本农村居民的人均年收入为2.44万元。样本的性别和收入特征与《江西统计年鉴2022》的数据基本相符，表明本书所采用的农村居民样本具有一定的代表性。

二、变量选取和说明

1. 被解释变量：农村居民生活垃圾分类行为决策

农村居民生活垃圾分类行为决策包括农村居民生活垃圾分类水平、持续垃圾分类行为和垃圾分类行为习惯。

（1）农村居民生活垃圾分类水平。借鉴贾亚娟、赵敏娟（2020）的做法，本书将农村居民生活垃圾分类水平设置为四个层次，分别为：不分类=1、二分类法（可回收垃圾与其他垃圾）=2、三分类法（可回收垃圾、厨余垃圾和其他垃圾）=3、四分类法（可回收垃圾、厨余垃圾、有毒有害垃圾和其他垃圾）=4。

（2）农村居民生活垃圾持续分类行为。题项为“您持续进行生活垃圾分类的时间是否超过1年”，是=1、否=0。

（3）农村居民生活垃圾分类行为习惯。借鉴Verplanken和Orbell（2003）的研究，结合农村居民的调研，本书设计了5个测量题项，具体问题设置如表3-1所示。农村居民生活垃圾分类行为习惯的信度检验结果显示，Cronbach's α值为0.965，CR值为0.973，说明测量量表的内部一致性较好；AVE值为0.878，表明测量题项之间的收敛效度较高。

2. 核心解释变量：数字素养

借鉴苏岚岚、彭艳玲（2022）及李晓静等（2022）对农民数字素养的测量，将数字素养分为数字通用素养、数字化社交素养和数字化安全素养；共设置5个条目的量表，具体问题设置见表3-1。数字素养的信度和效度检验结果显示，Cronbach's α值为0.934，CR值为0.951，表明量表的可信度较高；AVE值为0.795，表明该变量的收敛效度较高。

3. 中介变量：垃圾分类认知和个人规范

（1）垃圾分类认知。题项为“您认为生活垃圾分类对生态环境的影响程度”，采用5分量表，1~5表示由从完全不同意到完全同意。

（2）个人规范。参考石志恒、张衡（2020）的研究，本书设计了3个条目，具体测量题项见表3-1。个人规范的信效度检验结果表明，Cronbach's α值为0.853，CR值为0.916，AVE值为0.786，均高于标准值，表明该潜变量具有良好的构念信度和收敛效度。

4. 控制变量

参考已有研究（陈飞宇，2018），本书选用的控制变量包括是否配备垃圾分类投放桶、收运环节信任、是否担任村干部、收入和年龄。

变量定义及题项设置如表3-1所示。

表 3-1　变量定义与描述性统计

变量类型	变量名称	测量题项	变量赋值	均值	标准差
被解释变量	农村居民生活垃圾分类水平	您按照什么标准对生活垃圾进行分类	不分类＝1；二分类法（可回收垃圾与其他垃圾）＝2；三分类法（可回收垃圾、厨余垃圾和其他垃圾）＝3；四分类法（可回收垃圾、厨余垃圾、有毒有害垃圾和其他垃圾）＝4	2.518	1.031
	农村居民生活垃圾持续分类行为	您持续进行生活垃圾分类的时间是否超过1年	是＝1；否＝0	0.573	0.495
	农村居民生活垃圾分类行为习惯	生活垃圾分类是我自然而然做的事情	完全不同意＝1；比较不同意＝2；不确定＝3；比较同意＝4；完全同意＝5	3.997	0.997
		我进行生活垃圾分类已经有很长时间了			
		我下意识就会进行生活垃圾分类			
		我总是主动进行生活垃圾分类			
		如果没进行生活垃圾分类我会觉得不舒服			
核心解释变量	数字素养	我会使用智能手机和电脑等查找、浏览信息		3.989	0.965
		我会利用智能手机、电脑等工具分享看到的信息			
		我会在朋友圈、QQ 空间和抖音等平台上发布文字或短视频			
		我会采取相关措施保护个人数据及隐私（如设置密保）			
		我能利用智能手机、电脑等设备解决现实问题			
中介变量	垃圾分类认知	您认为生活垃圾分类对生态环境的影响程度		3.980	0.922
	个人规范	对生活垃圾进行分类更符合我的身份地位		3.942	0.927
		我的家人认为应该对生活垃圾进行分类			
		我的邻居认为应该对生活垃圾进行分类			

续表

变量类型	变量名称	测量题项	变量赋值	均值	标准差
控制变量	是否配备垃圾分类投放桶	您村里是否有生活垃圾分类投放设施（如分类投放的垃圾桶）	是=1；否=0	0.816	0.388
	收运环节信任	您是否看到过分类投放的垃圾被清洁工混装在一起运走		0.718	0.450
	是否担任村干部	您是否担任村干部（包括曾经担任）		0.104	0.305
	收入	受访者2022年实际收入	1万元及以下=1；1万~3万元=2；3万~5万元=3；5万~8万元=4；8万元以上=5	2.442	1.209
	年龄	受访者	实际年龄（岁）	41.031	15.318

三、模型设计

1. 数字素养对农村居民生活垃圾分类行为决策影响的模型构建

因变量为农村居民生活垃圾分类行为决策，包括农村居民生活垃圾分类水平、持续垃圾分类行为和垃圾分类行为习惯。

（1）数字素养对农村居民生活垃圾分类水平影响的模型构建。由于农村居民生活垃圾分类水平属于排序离散变量，因此，本书采用多元有序 Probit 模型检验数字素养对农村居民生活垃圾分类水平影响的直接效应，模型设定如下：

$$Y=\alpha_0+\alpha_1 X+\alpha_2 C_j+\varepsilon \tag{3-1}$$

式（3-1）中，Y 表示农村居民生活垃圾分类行为水平；X 表示数字素养；α_0 为常数项；$C_j(j=1，2，3，4，5)$ 表示各控制变量，具体包括是否配备垃圾分类投放桶、收运环节信任、是否担任村干部、收入和年龄；ε 为随机误差项。

（2）数字素养对农村居民生活垃圾持续分类行为影响的模型构建。由于农村居民生活垃圾持续分类行为是二分变量，因此，本书运用二元 Probit 模型检验数字素养对农村居民生活垃圾持续分类行为的影响效应。二元 Probit 模型基本形式如下：

$$\text{Prob}(Y_i=1)=\beta_0+\beta_1X+\beta_2C_j+\varepsilon_1 \tag{3-2}$$

式（3-2）中，Y表示农村居民生活垃圾持续分类行为；β_0为常数项；ε_1为随机误差项；其余与式（3-1）相同。

（3）数字素养对农村居民生活垃圾分类行为习惯影响的模型构建。由于农村居民生活垃圾分类行为习惯属于连续型变量，因此，本书采用普通多元线性回归模型探讨数字素养对农村居民生活垃圾分类行为习惯的影响效应，模型设定如下：

$$Y=\gamma_0+\gamma_1X+\gamma_2C_j+\varepsilon_2 \tag{3-3}$$

式（3-3）中，Y代表农村居民生活垃圾分类行为习惯；γ_0为常数项；ε_2为随机误差项；其余与式（3-1）相同。

2. 垃圾分类认知和个人规范的中介效应模型

为进一步检验垃圾分类认知和个人规范在数字素养影响农村居民生活垃圾分类行为决策中的中介效应，本书参考温忠麟等（2014）的研究，构建如下模型：

$$M_i=\theta_0+\theta_1X+\theta_2C_j+\varepsilon_3 \tag{3-4}$$

$$Y_i=\mu_0+\mu_1X+\mu_2M_i+\mu_3C_j+\varepsilon_4 \tag{3-5}$$

式（3-4）和式（3-5）中，$M_i(i=1, 2)$分别表示垃圾分类认知、个人规范；$Y_i(i=1, 2, 3)$表示农村居民生活垃圾分类水平、持续垃圾分类行为和垃圾分类行为习惯；θ_0、μ_0为常数项；ε_3、ε_4为随机误差项；其余变量与式（3-1）相同。

第四节　实证结果与分析

一、数字素养对农村居民生活垃圾分类行为决策的影响效应分析

运用stata17.0软件，本节分别检验了数字素养对农村居民生活垃圾分类行为、持续垃圾分类行为和生活垃圾分类行为习惯的影响效应，结果见表3-2。

表 3-2　基准回归分析

变量	模型（1）	模型（2）	模型（3）
	生活垃圾分类水平	持续垃圾分类行为	垃圾分类行为习惯
	多元有序 Probit 模型	二元 Probit 模型	OLS 模型
数字素养	0.365*** （0.050）	0.030 （0.057）	0.412*** （0.044）
是否配备垃圾分类投放桶	0.524*** （0.118）	0.576*** （0.125）	0.576*** （0.099）
收运环节信任	-0.240** （0.102）	0.050 （0.107）	0.076 （0.076）
是否担任村干部	0.046 （0.138）	-0.070 （0.157）	0.031 （0.128）
收入	-0.031 （0.037）	0.073* （0.042）	0.038 （0.031）
年龄	-0.002 （0.003）	0.006 （0.004）	0.009*** （0.003）
样本量	712	712	712
调整后的 R^2	0.058	0.033	0.207

注：***、**、*分别表示在 1%、5%、10%的水平上显著；括号内为标准误。

资料来源：笔者绘制。

（一）数字素养对农村居民生活垃圾分类水平的影响分析

表 3-2 中模型（1）体现了数字素养对农村居民生活垃圾分类水平的直接影响效应。结果显示，农村居民的数字素养对其生活垃圾分类水平有显著的正向影响。这表明农村居民的数字素养越高，其生活垃圾分类水平会越高。这与朱红根等（2022）的研究结论相似。朱红根等（2022）发现，数字素养有助于促进农户积极践行垃圾分类行为，这可能是由于农村居民可根据自己所掌握的垃圾分类知识进行垃圾分类。农村居民的数字素养越高，从数字工具中了解到的垃圾分类知识就会越多，对垃圾分类就会越细，其生活垃圾分类水平就会越高。

在控制变量方面，是否配备垃圾分类投放桶对农村居民生活垃圾分类水平的影响显著为正，说明农村居民居住的村庄配备垃圾分类投放桶的情况下，农村居民的生活垃圾分类水平较高。收运环节信任对农村居民生活垃圾分类水平有显著负向影响，表明如果农村居民曾经看到过分类投放的垃圾被清洁工混装混运，其垃圾分类水平会降低。

（二）数字素养对农村居民生活垃圾持续分类行为的影响分析

从表3-2中模型（2）的回归结果来看，农村居民的数字素养对其生活垃圾持续分类行为的影响在10%的统计水平上不显著，表明农村居民的数字素养对其生活垃圾持续分类行为的直接影响不显著。控制变量的估计结果显示，是否配备垃圾分类投放桶对农村居民生活垃圾持续分类行为有显著正向影响，表明村庄如果配备垃圾分类投放桶，农村居民持续进行生活垃圾分类的可能性会更大；收入对农村居民生活垃圾持续分类行为的影响显著为正，说明农村居民的收入水平越高，其持续进行垃圾分类的概率越大。

（三）数字素养对农村居民生活垃圾分类行为习惯的影响分析

由表3-2中模型（3）的结果可知，农村居民的数字素养对其生活垃圾分类行为习惯的影响在1%的统计水平上显著为正，表明农村居民的数字素养越高，越容易养成生活垃圾分类的习惯。原因可能是，农村居民的数字素养越高，其越倾向于使用互联网浏览信息，其接触到垃圾不分类导致环境污染方面信息的概率越大。这些信息会引起农村居民的情感共鸣和危机意识，有助于农村居民形成积极的环保态度，提升农村居民的环保素养，从而培养农村居民养成垃圾分类的习惯。

在控制变量上，是否配备垃圾分类投放桶对农村居民生活垃圾分类行为习惯有正向影响，表明在村庄配备垃圾分类投放桶，有利于农村居民养成垃圾分类的习惯。年龄对农村居民生活垃圾分类行为习惯的影响显著为正，说明相对于年轻人，年长的农村居民更容易养成生活垃圾分类的习惯。调研发现，年长的农村居民出于经济方面的考虑，已经养成了将可回收垃圾与其他垃圾进行分类的良好习惯。

二、内生性检验

为解决本书中数字素养与农村居民生活垃圾分类行为决策之间可能存在的反向因果关系、遗漏变量等内生性问题，参考苏岚岚和彭艳玲（2022）的研究，本书将“除受访者自身外，居住在同一村庄的其他样本的数字素养均值”作为数字素养的工具变量，检验数字素养对农村居民生活垃圾分类行为决策的影响效应，回归结果见表3-3。表3-3的估计结果显示，在1%的水平上，数字素养显著正向影响农村居民生活垃圾分类水平和垃圾分类行为习惯，对农村居民生活垃圾持续分类行为的影响不显著。对比表3-3和表3-2数字素养的估计结果，可知使用工具变量解决内生性问题后，研究结论仍然成立。

表3-3 内生性检验结果

变量	(1)	(2)	(3)
	生活垃圾分类水平	持续垃圾分类行为	垃圾分类行为习惯
数字素养	0.313*** (0.042)	-0.132 (0.125)	0.653*** (0.091)
控制变量	已控制	已控制	已控制
样本量	712	712	712

注：***表示在1%水平上显著；括号内为标准误。

资料来源：笔者绘制。

三、稳健性检验

为了检验上述研究结果的可靠性，本书采用变更核心变量（数字素养）的测算方式来检验模型的稳健性，估计结果如表3-4所示。比较表3-4与表3-2中数字素养的影响系数估计结果，可知数字素养对农村居民生活垃圾分类水平、持续垃圾分类行为和垃圾分类行为习惯影响系数的符号和显著性均没有发生改变。因此，本书的估计结果是稳健的。

表3-4 稳健性检验结果

变量	(1)	(2)	(3)
	生活垃圾分类水平	持续垃圾分类行为	垃圾分类行为习惯
数字素养（因子分析）	0.353*** (0.049)	0.030 (0.055)	0.398*** (0.043)
控制变量	已控制	已控制	已控制
样本量	712	712	712
调整后的 R^2	0.059	0.033	0.207

注：***表示在1%水平上显著；括号内为标准误。

资料来源：笔者绘制。

四、中介机制检验

根据前文提出的研究假设，数字素养可能改变农村居民的垃圾分类认知和个人规范，进而对其生活垃圾分类行为决策产生影响。基于前述估计结果，本书进一步探讨垃圾分类认知和个人规范的中介效应。

（一）垃圾分类认知的中介效应检验

表 3-5 列示了垃圾分类认知在数字素养影响农村居民生活垃圾分类行为决策过程中的中介效应检验结果。

表 3-5　垃圾分类认知的中介效应检验结果

变量	(1)	(2)	(3)	(4)
	垃圾分类认知	生活垃圾分类水平	持续垃圾分类行为	垃圾分类行为习惯
数字素养	0.212*** (0.043)	0.331*** (0.051)	-0.064 (0.061)	0.346*** (0.042)
垃圾分类认知		0.195*** (0.052)	0.485*** (0.068)	0.309*** (0.045)
控制变量	已控制	已控制	已控制	已控制
样本量	712	712	712	712
调整后的 R^2	0.075	0.067	0.110	0.289

注：*** 表示在 1%水平上显著；括号内为标准误。

资料来源：笔者绘制。

1. 垃圾分类认知在数字素养影响农村居民生活垃圾分类水平中的中介作用

表 3-5 第（1）列显示，数字素养对农村居民生活垃圾分类认知有显著的正向影响，说明农村居民的数字素养越高，其对垃圾分类认知越强。表 3-5 第（2）列显示，垃圾分类认知正向影响农村居民生活垃圾分类水平，表明垃圾分类认知越强的农村居民，其生活垃圾分类水平越高。原因可能是，农村居民对垃圾分类有助于保护生态环境的认知越强，感知到实施生活垃圾分类的生态价值会越大，就越倾向于按照标准进行垃圾源头分类。以上分析表明，数字素养可以通过提升农村居民的垃圾分类认知，提高其生活垃圾分类水平。

2. 垃圾分类认知在数字素养影响农村居民生活垃圾持续分类行为中的中介作用

从表 3-5 第（1）列和第（3）列可知，数字素养显著正向影响农村居民生活垃圾分类认知，且垃圾分类认知显著正向影响农村居民生活垃圾持续分类行为，说明数字素养能显著提升农村居民生活垃圾分类认知，进而促进农村居民持续实施生活垃圾分类。原因可能是，垃圾分类认知水平高的农村居民可了解到垃圾分类在垃圾源头减量、促进资源循环利用、降低水土污染率等方面有积极作用，而生态环境保护与自身的健康息息相关，从而会对垃圾分类持有积极的态度，在生活中就会持续进行垃圾分类。结合表 3-2 中模型（2）的估计结果，数字素养对农村居民生活垃圾持续分类行为的直接影响不显著。由此可知，垃圾分类认知在数字素养影响农村居民生活垃圾持续分类行为过程中具有完全中介作用。

3. 垃圾分类认知在数字素养影响农村居民生活垃圾分类行为习惯中的中介作用

表 3-5 第（1）列的估计结果表明，数字素养显著正向影响农村居民生活垃圾分类认知。表 3-5 第（4）列显示，垃圾分类认知对农村居民生活垃圾分类行为习惯的影响显著为正，表明提升农村居民生活垃圾分类认知可以促进农村居民养成生活垃圾分类的习惯。原因可能是，农村居民认为垃圾分类在生态环境保护中的积极作用越强，越会出于环保而坚持进行生活垃圾分类，久而久之就会养成垃圾分类的生活习惯。基于以上分析可知，垃圾分类认知在数字素养对农村居民生活垃圾分类行为习惯的积极影响中发挥着部分中介作用。

（二）个人规范的中介效应检验

表 3-6 列示了个人规范在数字素养影响农村居民生活垃圾分类行为决策中的中介效应检验结果。

表 3-6　个人规范的中介效应检验结果

变量	(1)	(2)	(3)	(4)
	个人规范	生活垃圾分类水平	持续垃圾分类行为	垃圾分类行为习惯
数字素养	0.438*** (0.040)	0.216*** (0.056)	-0.262*** (0.065)	0.048 (0.030)

续表

变量	(1)	(2)	(3)	(4)
	个人规范	生活垃圾分类水平	持续垃圾分类行为	垃圾分类行为习惯
个人规范		0.390*** (0.053)	0.621*** (0.064)	0.830*** (0.034)
控制变量	已控制	已控制	已控制	已控制
样本量	712	712	712	712
调整后的 R^2	0.229	0.088	0.131	0.572

注：*** 表示在 1%水平上显著；括号内为标准误。

资料来源：笔者绘制。

1. 个人规范在数字素养影响农村居民生活垃圾分类水平中的中介作用

表 3-6 第（1）列的估计结果表明，数字素养对个人规范有显著的正向影响，说明农村居民的数字素养越高，其个人规范越强。表 3-6 第（2）列显示，个人规范对农村居民生活垃圾分类水平的影响显著为正，表明农村居民的个人规范越强，其垃圾分类水平就越高。原因可能是，农村居民对于实施垃圾分类行为的个人规范越强，越容易在生活中实施符合个人规范的垃圾分类行为。由以上分析可知，数字素养可以通过提升个人规范，提高农村居民的垃圾分类水平。

2. 个人规范在数字素养影响农村居民生活垃圾持续分类行为中的中介作用

由表 3-6 第（1）列和第（3）列估计结果可知，数字素养对个人规范的影响显著为正，个人规范显著正向影响农村居民生活垃圾持续分类行为，表明数字素养通过提升个人规范，可促进农村居民持续实施垃圾分类。结合表 3-2 中模型（2）的估计结果，数字素养对农村居民生活垃圾持续分类行为的直接影响不显著。由此可知，个人规范在数字素养对农村居民生活垃圾持续分类行为的影响中具有完全中介作用。原因可能是，数字素养越高的农村居民使用数字工具的频率越高，通过数字工具获取垃圾分类相关信息的渠道越多，越容易接触到垃圾不分类所带来的不良后果方面的视频、图像和文字信息。这些信息会在一定程度上增强农村居民的后果意识，激发农村居民生活垃圾分类的道德责任感，农村居民就会将生活垃圾分类作为其自身的行为准则和规范，在生活中就会持续进行垃圾源头分类。

3. 个人规范在数字素养影响农村居民生活垃圾分类行为习惯中的中介作用

从表 3-6 第（1）列汇报的估计结果来看，数字素养有助于提高农村居民的垃圾分类个人规范。表 3-6 第（4）列显示，个人规范对农村居民生活垃圾分类行为习惯有显著正向影响，表明农村居民生活垃圾分类的个人规范越强，越容易养成垃圾分类的习惯。这与张毅祥等（2013）的研究结论相似。张毅祥等（2013）发现，个人规范对员工节能习惯有正向影响。该研究结论启示我们，为了促进农村居民养成垃圾分类的良好习惯，需要唤醒农村居民进行垃圾分类的道德责任感。以上分析表明，数字素养通过提升个人规范，对农村居民生活垃圾分类行为习惯产生促进作用。

第五节　研究结论与政策建议

一、研究结论

本书基于国家生态文明试验区（江西）712 个农村居民实地调查数据，从农村居民生活垃圾分类水平、持续垃圾分类行为和垃圾分类行为习惯三个层面，以垃圾分类认知和个人规范为中介变量，探究数字素养对农村居民生活垃圾分类行为决策的影响机制。结果表明：①数字素养对农村居民生活垃圾分类水平和垃圾分类行为习惯均有直接正向影响，但对农村居民生活垃圾持续分类行为的直接影响不显著。②垃圾分类认知在数字素养对农村居民生活垃圾分类水平和垃圾分类行为习惯的影响中起部分中介作用，在数字素养对农村居民生活垃圾持续分类行为的影响中发挥着完全中介作用。③个人规范在数字素养与农村居民生活垃圾分类水平和垃圾分类行为习惯之间有部分中介作用，在数字素养与农村居民生活垃圾持续分类行为之间具有完全中介作用。

二、政策建议

第一，加强农村居民数字素养培训，提升农村居民的数字素养水平。政府基层组织要引导企业、公益组织等社会资本参与农村居民数字技能提升工作，加强数字乡村应用场景的宣传工作和示范作用，鼓励农村居民学习和应用数字工具，根据农村居民的需求提供有针对性的数字工具及使用技能培训，切实提升农村居民的数字素养和技能。

第二，数字赋能垃圾分类宣传教育，激发农村居民参与垃圾分类的主动性。在农村居民生活垃圾分类积极性不高的地区，政府一方面要通过官方微博、微信公众号、抖音等网络平台发布一些有关垃圾分类政策、垃圾分类知识和垃圾分类各种益处的视频、图片和文字，让农村居民全面、深层次地认识到垃圾分类的重要性，从而调动其参与垃圾分类的积极性；另一方面，借助数字工具重点宣传居民不进行生活垃圾分类所带来的环境污染、资源浪费、疾病风险等危害认知，让农村居民认识到为了自身健康，需要人人参与垃圾分类，强化农村居民参与生活垃圾分类的道德责任感。

第三，构建长效垃圾分类宣传机制，引导农村居民逐步养成垃圾分类的习惯。在大部分农村居民已经实施垃圾分类的地区，政府要通过各种途径宣传垃圾分类知识，让农村居民掌握更多的垃圾分类技能，提高农村生活垃圾分类水平；与此同时，还要持续性开展垃圾分类宣传教育，引导农村居民持续参与垃圾分类，养成垃圾分类的良好习惯。

第四章　新媒体使用对农村居民不同类型自愿生活垃圾分类行为的影响机制研究

第一节　引言

做好农村生活垃圾源头分类是推进宜居宜业和美乡村建设的重要内容。《乡村振兴战略规划（2018—2022年）》《农村人居环境整治提升五年行动方案（2021—2025年）》《乡村建设行动实施方案》等系列政策文件都提出要推动农村生活垃圾源头分类。农村居民是农村生活垃圾源头分类的实施主体，推进宜居宜业和美乡村建设需要农村居民积极参与生活垃圾源头分类。然而，由于农村居民的生态认知不高、农村垃圾分类收运处置体系不健全等，农村居民生活垃圾分类参与度不高。因此，如何激励农村居民从被动应付到主动参与垃圾分类已成为推进农村生活垃圾分类亟待解决的重要问题。

"数字乡村"是乡村振兴和数字中国建设的重要内容。中国互联网信息中心发布的第52次《中国互联网络发展状况统计报告》显示，截至2023年6月，农村地区互联网普及率为60.5%，中国农村网民规模达3.01亿人。随着数字乡村的发展，农村地区互联网普及率会不断提升，使用手机和电脑上网的农村居民也会不断增加。那么，在国家推动数字乡村建设和推进农村生活垃圾分类的背景下，农村居民使用新媒体能否促进其自愿实施生活垃圾分类？如果有促进作用，新媒体使用对农村居民哪种类型的自愿垃圾分类行为促进效果更好？具体的影响机制又是如何？回答这些问题，对于引导农村居民在生活中自觉进行垃圾分类、促进宜居宜业和美乡村建设有重要的现实意义。

第二节　文献综述

关于新媒体使用与农村居民自愿生活垃圾分类行为相关的研究，主要集中在以下四个方面：一是居民自愿亲环境行为结构的研究。岳婷等（2022）将居民自愿减碳行为划分为三类：自愿减碳素养行为、自愿减碳公民行为和自愿减碳人际行为。刘长进等（2023）认为，农村居民“公”领域亲环境行为包括基础环境行为、决策环境行为、人际环境行为和公民环境行为。二是居民生活垃圾分类行为结构的研究。陈飞宇（2018）认为，城市居民垃圾分类行为有四个维度：习惯型分类行为、人际型分类行为、决策型分类行为和公民型分类行为。三是农村居民生活垃圾分类行为影响因素的研究。现有研究主要集中在心理因素（如预期情感、生态价值观和感知因素等）、情景因素（信息干预、社会资本等）和社会人口统计特征（如年龄、性别和文化程度等）。在心理因素方面，汪兴东等（2023）研究表明，预期情感和生态价值观是影响农村居民生活垃圾分类行为的重要因素。贾亚娟、赵敏娟（2020）发现，农村居民生活垃圾污染感知有助于提升其生活垃圾分类水平。在情景因素方面，刘余等（2023）研究发现，信息干预（技术信息干预、环境信息和健康信息）对农村居民生活垃圾分类效果有促进作用。张怡等（2022）研究表明，社会资本会影响农村居民生活垃圾分类行为。陈世文等（2023）认为，奖惩型环境规制与引导型环境规制均能够提高农村居民生活垃圾分类意愿。左孝凡等（2022）发现，互联网使用、社区内生互动效应正向影响农村居民生活垃圾分类意愿。在社会人口统计特征方面，已有研究表明，年龄、受教育程度、家庭收入、家庭人口数量、是否为党员和是否为村干部等会影响农村居民生活垃圾分类行为（刘余等，2021；贾亚娟等，2023）。四是新媒体使用对居民亲环境行为影响的相关研究。桑贤策、罗小锋（2021）指出，新媒体使用正向影响农户生物农药采纳行为。李武等（2023）研究发现，社交媒体使用对青少年生活垃圾分类意向有促进作用。Gong 等（2020）研究表明，互联网使用可以鼓励居民实施亲环境行为。Liu 等（2021）发现，互联网使用不仅直接影响居民亲环境行为，而且会通过环境知识、感知环境污染威胁和政府环境保护满意度发挥间接影响作用。

综上所述，关于新媒体使用与居民生活垃圾分类方面的研究成果比较丰富，但仍存在可以拓展的空间：一是现有研究居民生活垃圾分类行为影响因素的文献较多，而在精细化居民生活垃圾分类行为的基础上，分别探讨新媒体使用对居民不同类型生活垃圾分类行为影响机制的文献还很缺乏。二是已有研究主要考察新媒体使用对农村居民亲环境行为的边际“净效应”，而事实上，农村居民自愿垃圾分类行为的发生是新媒体使用与其他因素共同作用的结果。从组态视角探究新媒体使用与其他因素共同作用驱动农村居民自愿垃圾分类行为发生的文献鲜见。鉴于此，本章采用国家生态文明试验区（江西）712 名农村居民的调查数据，基于“刺激—机体—反应”理论，在将农村居民自愿生活垃圾分类行为划分为自愿垃圾分类素养行为、自愿人际型分类行为和自愿公民型分类行为的基础上，探讨新媒体使用对农村居民不同类型自愿垃圾分类行为的影响机制；在此基础上，从组态视角采用模糊集定性比较分析（fsQCA）方法，探究农村居民不同类型自愿垃圾分类行为发生的多条等效路径。

第三节　研究假设

借鉴岳婷等（2022）和陈飞宇（2018）的研究，本书将农村居民自愿生活垃圾分类行为界定为农村居民为实现垃圾无害化、资源化和减量化处理，自觉按照所在地区垃圾分类标准，将生活垃圾分类后投放到指定地点的行为，包括自愿垃圾分类素养行为、自愿人际型分类行为和自愿公民型分类行为。

“刺激—机体—反应”理论认为，外部环境刺激能够引起人们机体在情绪和认知上的变化，进而影响人们的行为反应。根据“刺激—机体—反应”理论，结合农村居民的调研情况，本书认为新媒体使用对农村居民自愿生活垃圾分类行为的影响是一个“新媒体使用、数字素养—生态价值观—自愿生活垃圾分类行为”的过程。基于此，本书根据新媒体使用影响农村居民自愿生活垃圾分类行为的发生过程提出研究假设。

一、新媒体使用对农村居民自愿生活垃圾分类行为的影响

新媒体是农村居民接触生活垃圾分类信息的一个重要渠道，同时也是农村居民进行人际交流的一种方式。农村居民通过使用微信、微博和抖音等新媒体，有更多的机会了解到不进行生活垃圾分类的危害，以及在生活中实施垃圾分类在实现源头减量、资源化利用和减少环境污染方面的积极作用，这有助于提高农村居民生活垃圾分类的有用性感知，使农村居民更深层次地认识到生活垃圾分类的重要性和必要性，从而提升农村居民的环境素养。已有研究发现，经常使用互联网浏览信息会提升居民的环境素养（彭代彦等，2019）。农村居民从外界获得的垃圾分类知识和技能可以提升其环保素养，增强其环保信念（朱红根等，2022）。根据“价值—信念—规范”理论，增强农村居民的环保信念有助于提高居民积极践行生活垃圾分类行为的可能性。基于此，本书提出假设 H1a：

H1a：新媒体使用对农村居民自愿垃圾分类素养行为有正向影响。

新媒体是农村居民进行人际交流的一种方式。农村居民通过微信、微博和论坛等网络社交平台，可以与他人分享垃圾分类经验、垃圾分类知识和技能，这些信息有助于更多人了解和掌握生活垃圾分类方面的知识，从而引导他们践行生活垃圾分类。已有研究表明，在网络空间上与他人互动和分享绿色知识有助于“劝服”他人参与“绿色”行为（王建明、冯雨，2023）。基于此，本书提出假设 H1b：

H1b：新媒体使用对农村居民自愿人际型分类行为有正向影响。

农村居民可通过在社交媒体上与他人交流和讨论垃圾分类政策、垃圾分类公益活动以及生活垃圾不进行分类处理的危害等信息，这些信息有助于农村居民关注生活垃圾分类，从而主动进行生活垃圾分类。已有研究发现，关注生活垃圾分类有助于居民实施公民型垃圾分类行为（陈飞宇，2018）。基于此，本书提出假设 H1c：

H1c：新媒体使用对农村居民自愿公民型分类行为有正向影响。

二、社会网络、社会信任在新媒体使用影响自愿垃圾分类行为中的调节效应

（一）社会网络在新媒体使用对自愿垃圾分类行为影响中的调节效应

社会网络和新媒体使用是农村居民获取生活垃圾分类相关信息的主要渠道。作为信息获取渠道的新媒体和社会网络在功能上可能会存在重叠，相对于社会网

络，新媒体在生活垃圾分类信息传播中具有信息来源范围广、信息搜寻成本低等优势（姜维军等，2021；AKer，2011）。因而，农村居民更倾向于使用新媒体获取生活垃圾分类方面的信息。现有研究表明，在推动农户绿色生产技术采纳行为中，互联网使用与社会网络存在替代关系（马千惠等，2022）。此外，农村居民使用新媒体不仅会巩固、维持其已有的社会网络，而且有利于拓展其社会网络规模。因此，新媒体使用有助于强化社会网络对农村居民自愿生活垃圾分类行为的积极影响。已有亲环境行为的相关研究发现，互联网作为信息的获取渠道，与社会网络可以协调促进农户采纳水土保持技术（黄晓慧等，2021）。综合以上分析可知，社会网络在新媒体使用对农村居民自愿生活垃圾分类行为的影响中存在调节效应，但作用方向不明确。基于此，本书提出假设 H2：

H2：社会网络在新媒体使用对农村居民自愿生活垃圾分类行为的影响中存在调节作用。

（二）社会信任在新媒体使用影响自愿垃圾分类行为中的调节效应

Dirks 和 Ferrin（2001）提出的人际信任的调节效应模型认为，信任会调节其他重要预测因素对结果变量的影响。在亲环境行为研究中，已有一些研究表明，新媒体使用有助于居民实施亲环境行为。李武等（2023）认为，青少年的社交媒体使用正向影响其自愿垃圾分类意愿。桑贤策、罗小锋（2021）指出，农户使用新媒体对其生物农药采纳行为有促进作用。农村居民自愿生活垃圾分类行为也是一种亲环境行为。根据人际信任的调节效应模型，社会信任会调节新媒体使用对农村居民自愿生活垃圾分类行为的影响。基于此，本书提出假设 H3：

H3：社会信任在新媒体使用对农村居民自愿生活垃圾分类行为影响中有调节作用。

三、生态价值观的中介效应

新媒体是一种媒介，它具有信息传播和教育的功能（李武等，2023）。新媒体传播环境保护方面的信息，客观上传递着一种生态价值观念，该理念会潜移默化地影响农村居民的环境行为（金鸣娟和卞韬，2015）。一些研究也表明，信息传播媒介会通过生态价值观影响居民亲环境行为。例如，Lee（2011）发现，信息传播媒介通过监督与关注环境污染等问题，以及呼吁保护环境，促进个体形成环保参与价值观，从而影响个体环保行为。石志恒等（2018）认为，农民使用媒介（电脑、广播、电视等）有助于塑造其环境价值观，进而促进其实施亲环境行为。事实上，新媒体还具有人际交流的功能。农村居民在使用新媒体的过程中，有更多的机会接触到环保方面的相关信息，更有可能就环保问题与他人开展交流和讨论。这有助于农村居民深刻地认识到环境问题，使农村居民形成保护生态环境的价值观念。农村居民在这种价值观念的驱使下，更有可能主动将生活垃圾进行分类。综合上述分析，新媒体使用可能会通过增强农村居民的生态价值观，促进农村居民自愿实施生活垃圾分类行为。基于此，本书提出假设 H4：

H4：生态价值观在新媒体使用影响农村居民自愿生活垃圾分类行为中有中介作用。

四、数字素养在新媒体使用影响生态价值观过程中的调节效应

行为转变理论认为，信息是个体行为决策的重要前提。农村居民数字素养是指农村居民在实际生产和生活中所综合掌握的数字知识、数字技能和数字意识。中国社会科学院信息化研究中心 2021 年发布的《乡村振兴战略背景下中国乡村数字素养调查分析报告》显示，不同受教育程度的受访者之间，数字素养水平存在明显差异。由于农村居民的受教育程度存在差别，农村居民的数字素养也会有所不同。农村居民的数字素养越高，越容易利用互联网工具获得生态环境方面的相关信息，也就越偏好于在社交媒体上主动就环境问题或环保信息进行沟通交流；这些信息互动有助于强化农村居民对环境保护必要性的认知，从而引导农村居民树立生态价值观。基于此，本书提出假设 H5：

H5：数字素养在新媒体使用影响农村居民生态价值观过程中发挥着调节作用。

基于上述文献综述以及所提出的研究假设，本书构建了新媒体使用对农村居民自愿生活垃圾分类行为影响的理论模型，如图 4-1 所示。

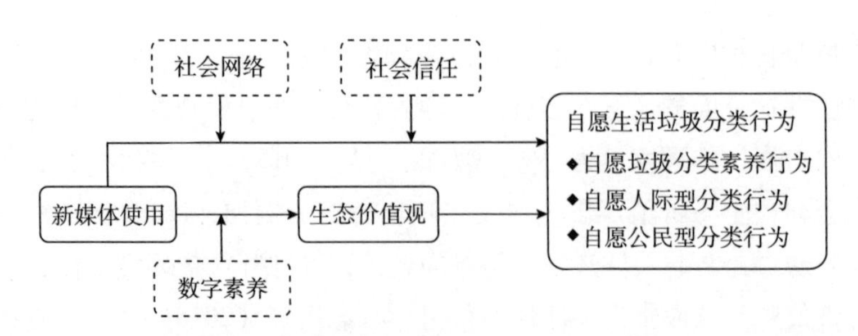

图 4-1　新媒体使用对农村居民自愿生活垃圾分类行为影响的理论模型

第四节　研究设计

一、数据来源

本章所涉及的数据源于课题组 2022 年 6—10 月对国家生态文明试验区（江西）的实地调研。2016 年，江西省成为我国首批国家生态文明试验区的省份之一；2017 年，《国家生态文明试验区（江西）实施方案》中明确指出，要“鼓励农村生活垃圾分类和资源化利用”。调查发现，农村居民将生活垃圾混装投放入箱问题仍然比较突出。因此，以江西省为例探讨农村居民自愿生活垃圾分类行为有较强的代表性。

本书采用分层随机抽样的方法选择样本农村居民，以问卷的形式共调查了 774 个农村居民，剔除无效问卷（信息缺失和数据前后矛盾的调查问卷）后，得到 712 份有效问卷，问卷有效率为 92%。在 712 个有效样本中，男性占 54.78%，女性占 45.22%。样本性别特征与《江西统计年鉴 2022》的数据基本相符，这表明本书所选的农村居民样本有一定的代表性。

二、变量测量

本章所用量表均来自国内外成熟的量表，结合农村居民生活垃圾分类情景以及研究目的，适当修改了部分量表内容。除特别说明外，本章所用量表均采用李克特 5 级量表测量。各变量含义及赋值如表 4-1 所示。

农村居民自愿生活垃圾分类行为包括农村居民自愿垃圾分类素养行为、自愿人际型分类行为和自愿公民型分类行为。借鉴岳婷等（2022）的研究，本书对农村居民自愿生活垃圾分类行为从三个维度分别设计了 3 个题项；生态价值观的测量参考了滕玉华等（2017）的研究；数字素养在参考李晓静等（2022）研究的基础上，考虑农村居民的实际情况，共设置 5 个题项；主观规范的测量借鉴了石志恒等（2020）的研究。

表 4-1 变量定义及描述性统计

变量类型	变量名称	变量定义	平均值	标准差
被解释变量	自愿垃圾分类素养行为	生活垃圾分类跟我个人有很大的关系	3.74	1.18
		我知道农村居民需要对生活垃圾进行分类		
		平时我比较注意自己的行为，也会特意对生活垃圾进行分类		
	自愿人际型分类行为	我会主动劝说身边的亲戚朋友对生活垃圾进行分类	3.74	1.03
		我认为生活垃圾分类可以提升自己的形象，所以我会主动对生活垃圾进行分类		
		我认为不对生活垃圾分类会遭到周围人的谴责，所以我会主动对生活垃圾进行分类		
	自愿公民型分类行为	我能够积极参加村里举办的与生活垃圾分类相关的公益活动	3.87	1.02
		我希望能够参加村里组织的与生活垃圾分类有关的会议		
		我希望能够参与村里关于生活垃圾分类政策和标准的制定		
解释变量	新媒体使用	您是否使用新媒体（手机、电脑等）查阅环境保护相关内容	0.81	0.40
中介变量	生态价值观	我希望在日常行为中能做到保护环境	4.41	0.72
		我希望在日常行为中能做到防止污染		
		我希望在日常行为中能做到与自然界和谐相处		
调节变量	社会网络	我经常和亲朋好友聊一些关于环保方面的话题	3.60	1.16
	社会信任	我对环保方面的法律法规的信任程度很高	4.15	0.94
	数字素养	我会使用智能手机和电脑等查找和浏览信息	3.99	0.97
		我会利用智能手机、电脑等工具分享看到的信息		
		我会在朋友圈、QQ 空间和抖音等平台上发布文字或短视频		
		我会采取相关措施保护个人数据及隐私（如设置密保）		
		我能利用智能手机、电脑等设备解决现实问题		
控制变量	是否有垃圾分类投放桶	您村里是否有生活垃圾分类投放设施（如分类垃圾投放桶）	0.82	0.39
	主观规范	对生活垃圾进行分类更符合我的身份地位	3.94	0.927
		我的家人认为应该对生活垃圾进行分类		
		我的邻居认为应该对生活垃圾进行分类		
	年龄	受访者的实际年龄（周岁）	41.03	15.32
	收入	受访者的年收入为：1 万元及以下 = 1；1 万 ~ 3 万元 = 2；3 万 ~ 5 万元 = 3；5 万 ~ 8 万元 = 4；8 万元以上 = 5	2.44	1.21

资料来源：笔者绘制。

三、模型构建

本书运用 Bootstrap 有调节的中介效应检验方法，检验生态价值观在新媒体使用对农村居民自愿垃圾分类行为影响中的中介作用以及数字素养的调节效应。模型设定如下：

$$Y_i=\alpha_0+\alpha_1X+\alpha_2C+\varepsilon_1 \quad (i=1,\ 2,\ 3) \tag{4-1}$$

$$Y_i=\delta_0+\delta_1X+\delta_2D_j+\delta_3X\times D_j+\varepsilon_2 \quad (i=1,\ 2,\ 3;\ j=1,\ 2) \tag{4-2}$$

$$M=\beta_0+\beta_1X+\beta_2C+\varepsilon_3 \tag{4-3}$$

$$Y_i=\gamma_0+\gamma_1X+\gamma_2M+\gamma_3C+\varepsilon_4 \quad (i=1,\ 2,\ 3) \tag{4-4}$$

$$M=\theta_0+\theta_1X+\theta_2W+\theta_3X\times W+\theta_4C+\varepsilon_5 \tag{4-5}$$

在式（4-1）至式（4-5）中，$Y_i(i=1,\ 2,\ 3)$ 表示农村居民自愿垃圾分类素养行为、自愿人际型分类行为和自愿公民型分类行为；X 表示新媒体使用；D_j（$j=1,\ 2$）表示社会网络和社会信任；M 表示生态价值观；W 表示数字素养；C 表示控制变量；ε_1、ε_2、ε_3、ε_4 和 ε_5 均为随机误差项。其中，式（4-1）用来检验新媒体使用对农村居民自愿生活垃圾分类行为的直接影响；式（4-2）用来探究社会网络及社会信任在新媒体使用影响农村居民自愿生活垃圾分类行为的调节效应；式（4-3）用来测度新媒体使用对农村居民生态价值观的直接影响；式（4-4）用来考察农村居民新媒体使用通过生态价值观对其自愿生活垃圾分类行为的间接影响；式（4-5）用来检验农村居民的数字素养在新媒体使用影响生态价值观过程中的调节作用。

第五节　实证结果与分析

一、共同方法偏误

为了避免共同方法偏差的影响，本章利用 Harman 单因素检验方法进行检验，结果显示，特征根大于 1，且未经旋转的首因子的累积方差解释率为 37.06%，小于 50%，表明本章的实证检验不存在严重的共同方法偏差问题。

二、信效度检验

本书借助 Stata16.0 软件对各潜变量的信效度进行分析，结果如表 4-2 所示。各潜变量的 KMO 值均大于临界值 0.5，说明各潜变量适合做因子分析。各潜变量的 Cronbach's α 值均大于 0.8，组合信度（CR）都在 0.9 以上，表明量表的信度良好。各潜变量测量题项的因子载荷值均大于 0.8，平均抽取方差（AVE）都在 0.7 以上，说明各潜变量有良好的收敛效度。

表 4-2　信效度检验结果

变量	因子载荷量	KMO	Alpha	CR	AVE
自愿垃圾分类素养行为	0.905	0.744	0.881	0.927	0.808
	0.891				
	0.900				
自愿人际型分类行为	0.891	0.743	0.888	0.931	0.817
	0.917				
	0.904				
自愿公民型分类行为	0.916	0.732	0.926	0.953	0.872
	0.957				
	0.927				
数字素养	0.878	0.872	0.934	0.951	0.795
	0.932				
	0.867				
	0.866				
	0.912				
生态价值观	0.939	0.767	0.938	0.961	0.891
	0.952				
	0.941				
主观规范	0.806	0.677	0.853	0.916	0.786
	0.929				
	0.919				

资料来源：笔者绘制。

三、新媒体使用对农村居民自愿生活垃圾分类行为的影响分析

新媒体使用对农村居民自愿生活垃圾分类行为（自愿垃圾分类素养行为、自愿人际型分类行为和自愿公民型分类行为）影响的估计结果见表 4-3。

表 4-3　新媒体使用对不同类型自愿生活垃圾分类行为影响的估计结果

变量	自愿垃圾分类素养行为	自愿人际型分类行为	自愿公民型分类行为
	模型（1）	模型（2）	模型（3）
新媒体使用	0.554*** （4.86）	0.099 （1.39）	0.300*** （3.72）
主观规范	0.243*** （5.16）	0.760*** （25.90）	0.641*** （19.24）
是否有垃圾分类投放桶	0.134 （1.20）	0.303*** （4.36）	0.255*** （3.24）
年龄	-0.006** （-2.09）	0.002 （1.08）	-0.000 （-0.10）
收入	0.061* （1.69）	0.032 （1.45）	0.013 （0.50）
常数项	2.328*** （9.47）	0.256* （1.67）	0.862*** （4.96）
样本量	712	712	712
调整后的 R^2	0.095	0.533	0.393
F	15.910	163.308	92.963

注：***、**、*分别表示在 1%、5%、10%水平上显著；括号内为 t 值。

资料来源：笔者绘制。

表 4-3 模型（1）显示，新媒体使用对农村居民自愿垃圾分类素养行为有显著正向影响，表明农村居民使用新媒体的频率越高，越有可能在生活中实施自愿垃圾分类素养行为。根据表 4-3 模型（2）的结果，新媒体使用对农村居民自愿人际型分类行为的直接影响不显著。表 4-3 模型（3）的估计结果显示，新媒体使用对农村居民自愿公民型分类行为的影响显著为正，表明农村居民使用新媒体有助于其实施自愿公民型分类行为。综上所述，新媒体使用对农村居民不同类型自愿生活垃圾分类行为的直接影响存在显著差异。具体来说，新媒体使用可直接

影响农村居民自愿垃圾分类素养行为和自愿公民型分类行为，而新媒体使用对农村居民自愿人际型分类行为没有显著影响。现有研究仅关注自然共情对居民自愿减碳素养行为、自愿减碳公民行为和居民自愿减碳人际行为的差异化影响，即自然共情对居民自愿减碳素养行为有负向影响，而对自愿减碳公民行为和居民自愿减碳人际行为均有正向影响（岳婷等，2022）。本书的发现深化了学界对居民自愿环境素养行为、人际型自愿环境行为、公民型自愿环境行为前因变量的认识，同时也为有效引导农村居民在生活中积极主动实施垃圾分类行为等亲环境行为提供新的思路。

四、社会网络、社会信任在新媒体使用影响自愿垃圾分类行为中的调节效应

社会网络、社会信任在新媒体使用对农村居民不同类型自愿垃圾分类行为影响中的调节效应估计结果见表4-4。

表4-4 社会网络和社会信任的调节效应检验结果

变量	自愿垃圾分类素养行为		自愿人际型分类行为		自愿公民型分类行为	
	模型（1）	模型（2）	模型（3）	模型（4）	模型（5）	模型（6）
新媒体使用	0.037 （0.58）	0.092 （1.44）	0.104*** （2.66）	0.082** （2.12）	0.136*** （3.08）	0.097** （2.23）
社会网络	−0.162*** （−2.77）	−0.057 （−1.13）	0.220*** （6.21）	0.183*** （5.97）	0.239*** （6.00）	0.224*** （6.50）
社会信任	0.275*** （4.41）	0.222*** （3.22）	0.076** （2.02）	0.093** （2.24）	0.104** （2.44）	0.090* （1.93）
新媒体使用×社会网络	0.143*** （3.50）	—	−0.051** （−2.06）	—	−0.022 （−0.78）	—
新媒体使用×社会信任	—	0.077** （2.17）	—	−0.026 （−1.20）	—	0.015 （0.62）
其他变量	已控制		已控制		已控制	
样本量	712		712		712	
调整后的 R^2	0.123	0.113	0.572	0.570	0.452	0.452
F	13.410	12.343	119.794	118.974	74.306	74.252

注：***、**、*分别表示在1%、5%、10%水平上显著；括号内为t值。

资料来源：笔者绘制。

从表 4-4 模型（1）可以看出，社会网络和新媒体使用的交互项系数显著为正，表明社会网络强化了新媒体使用对自愿垃圾分类素养行为的正向影响。表 4-4 模型（3）显示，新媒体使用和社会网络的交互项系数显著为负，说明社会网络会削弱新媒体使用对农村居民自愿人际型分类行为的影响。原因可能是，农村居民使用新媒体拓展了社会网络规模，因此在社交媒体上可以与更多人分享、沟通和交流垃圾分类方面的信息，这些信息让他人更加关注垃圾分类，使他们更好地了解垃圾分类政策、掌握更多的生活垃圾分类知识和技能，从而劝服他人参与生活垃圾分类。由表 4-4 模型（5）可知，新媒体使用和社会网络的交互项系数不显著，社会网络在新媒体使用影响农村居民自愿公民型分类行为过程中没有调节效应。

由表 4-4 模型（2）的估计结果可知，社会信任与新媒体使用的交互项系数显著为正，表明社会信任会增强新媒体使用对自愿垃圾分类素养行为的影响效果。该研究结论与社会信任的调节效应模型一致。社会信任的调节效应模型认为信任的调节作用通常发生在解释力较强的预测变量模型中。因此，在通过新媒体引导农村居民自愿实施垃圾分类素养行为的过程中，需要提高农村居民的社会信任水平。在表 4-4 模型（4）和模型（6）中，社会信任与新媒体使用的交互项系数均不显著，意味着社会信任在新媒体使用影响自愿人际型分类行为、自愿公民型分类行为中都没有调节作用。

五、生态价值观的中介效应检验

为检验生态价值观在新媒体使用对农村居民自愿生活垃圾分类行为影响的中介效应，本书借鉴温忠麟和叶宝娟（2014）的研究，运用 Bootstrap 区间法进行检验，并构建 95%的置信区间，重复抽样 5000 次。中介检验结果如表 4-5 所示。

表 4-5　中介效应和调节效应的检验结果分析

变量	自愿垃圾分类素养行为		自愿人际型分类行为		自愿公民型分类行为		生态价值观	
	β	95%CI	β	95%CI	β	95%CI	β	95%CI
新媒体使用	0.554***	[0.330, 0.777]	0.099	[-0.040, 0.239]	0.300***	[0.142, 0.458]		
	0.510***	[0.287, 0.733]	0.077	[-0.063, 0.216]	0.257***	[0.101, 0.413]	0.151***	[0.044, 0.258]

续表

变量	自愿垃圾分类素养行为		自愿人际型分类行为		自愿公民型分类行为		生态价值观	
	β	95%CI	β	95%CI	β	95%CI	β	95%CI
生态价值观	0.287***	[0.134, 0.440]	0.149***	[0.053, 0.244]	0.287***	[0.180, 0.394]		
中介效应	0.043	[0.008, 0.094]	0.022	[0.003, 0.047]	0.043	[0.010, 0.083]		
新媒体使用×数字素养							0.129***	[0.041, 0.217]

注：*** 分别表示在1%水平上显著；Bootstrap = 5000，由于简洁目的省略主观规范等控制变量估计结果。

资料来源：笔者绘制。

从表4-5可以发现，生态价值观在新媒体使用影响农村居民自愿垃圾分类素养行为中的间接效应值为0.043，95%置信区间为［0.008，0.094］，不包括0，说明生态价值观有显著的中介效应。同时，新媒体使用显著直接影响农村居民自愿垃圾分类素养行为（β=0.510，P<0.01），95%置信区间为［0.287，0.733］，不包括0，说明生态价值观在新媒体使用对农村居民自愿垃圾分类素养行为影响过程中发挥着部分中介作用。

生态价值观在新媒体使用对农村居民自愿人际型分类行为影响中的间接效应值为0.022，95%置信区间为［0.003，0.047］，不包括0，说明生态价值观有显著的中介效应。但新媒体使用对农村居民自愿人际型分类行为的直接效应不显著（β=0.077，P>0.1），95%置信区间为［-0.063，0.216］，包括0，表明生态价值观在新媒体使用影响农村居民自愿垃圾分类素养行为中起完全中介作用。

生态价值观在新媒体使用与农村居民自愿公民型分类行为之间的间接效应值为0.043，95%置信区间为［0.010，0.083］，不包括0，说明生态价值观有显著的中介作用。同时，新媒体使用对农村居民公民型分类行为的直接效应也显著为正（β=0.257，P<0.01），95%置信区间为［0.101，0.413］，不包括0，说明生态价值观在新媒体使用影响农村居民自愿公民型分类行为的过程中有部分中介作用。

虽然有部分学者分析了居民新媒体使用对其生活垃圾分类行为（或意愿）的影响机制，但是这些研究忽视了居民生活垃圾分类行为的主动性问题，鲜有文献关注新媒体使用对居民自愿生活垃圾分类行为的影响。已有研究表明，主观环境知识与客观环境知识在青少年新媒体使用影响其生活垃圾分类意愿中有中介效应（李武等，2023）。本书发现，生态价值观在农村居民新媒体使用影响其自愿实施垃圾分类素养行为、人际型垃圾分类行为、公民型垃圾分类行为中有中介作用。这一发现不仅深化了新媒体使用对居民生活垃圾分类行为影响的理论研究，同时也启示我们，要想引导农村居民在日常生活中自觉进行垃圾分类，需要充分发挥新媒体在引导农村居民树立生态价值观中的重要作用。

六、数字素养在新媒体使用影响生态价值观中的调节效应

由于农村居民的受教育程度存在差别，农村居民的数字素养会有所不同。农村数字素养是指农村居民在实际生产和生活中所综合掌握的数字知识、数字技能和数字意识，这在一定程度上会影响农村居民的信息存量，进而可能对农村居民的生态价值观产生影响。因此，本书引入数字素养，分析其在新媒体使用与生态价值观二者关系中的调节作用。检验结果见表 4-5。

从表 4-5 可知，新媒体使用与数字素养的交互项对生态价值观的影响显著为正（β=0. 129，P<0. 01，95%置信区间为［0. 041，0. 217］，不包括 0），表明农村居民的数字素养水平越高，新媒体使用对生态价值观的正向影响越强。

七、被调节的中介效应检验

为检验生态价值观的中介效应在数字素养调节下的显著性以及效应大小，本书利用 Bootstrap 法进行有调节的中介效应检验，结果见表 4-6。

表 4-6　有调节的中介效应检验结果

新媒体使用→生态价值观→自愿垃圾分类素养行为	有调节的中介效应（β）	S. E.	95%置信区间
低数字素养组	-0. 007	0. 023	［-0. 050，0. 042］
高数字素养组	0. 065	0. 029	［0. 018，0. 131］
差异（高数字素养组减低数字素养组）	0. 071	0. 036	［0. 008，0. 147］
新媒体使用→生态价值观→自愿人际型分类行为	有调节的中介效应（β）	S. E.	95%置信区间
低数字素养组	-0. 004	0. 013	［-0. 032，0. 020］
高数字素养组	0. 033	0. 016	［0. 006，0. 069］
差异（高数字素养组减低数字素养组）	0. 037	0. 022	［0. 001，0. 088］

续表

新媒体使用→生态价值观→自愿公民型分类行为	有调节的中介效应（β）	S. E.	95%置信区间
低数字素养组	-0.007	0.024	[-0.059, 0.040]
高数字素养组	0.065	0.025	[0.017, 0.117]
差异（高数字素养组减低数字素养组）	0.071	0.037	[0.004, 0.149]

从表4-6中可以发现，当数字素养水平低时，新媒体使用通过生态价值观影响农村居民自愿垃圾分类素养行为的间接效应值为-0.007，95%置信区间为［-0.050，0.042］，包含0；当数字素养水平高时，新媒体使用对自愿垃圾分类素养行为影响的间接效应值为0.065，95%置信区间为［0.018，0.131］，不包含0；高、低水平的数字素养之间的差异显著，95%置信区间为［0.008，0.147］，不包含0。这表明，农村居民的数字素养水平不同，新媒体使用通过生态价值观影响自愿垃圾分类素养行为的中介作用存在差别，数字素养正向调节生态价值观在新媒体使用与自愿垃圾分类素养行为的中介作用。

在低数字素养水平下，新媒体使用对农村居民自愿人际型分类行为影响的间接效应值为-0.004，95%置信区间为［-0.032，0.020］，包含0；说明在低数字素养水平下，生态价值观在新媒体使用影响农村居民自愿人际型分类行为中不存在中介作用。在高数字素养水平下，新媒体使用通过生态价值观影响自愿人际型分类行为的间接效应值为0.033，95%置信区间为［0.006，0.069］，不包含0；说明在高数字素养水平下，生态价值观在新媒体使用影响农村居民自愿人际型分类行为过程中有中介作用。由此可知，新媒体使用通过生态价值观对自愿人际型分类行为的间接影响会因数字素养水平不同而存在显著差异，数字素养水平越高，生态价值观的中介作用越强。

当数字素养水平低时，新媒体使用对农村居民自愿公民型分类行为的间接效应值为-0.007，95%置信区间为［-0.059，0.040］，包含0；说明在低数字素养水平下，生态价值观在新媒体使用与自愿公民型分类行为之间不存在中介作用。当数字素养水平高时，新媒体使用对农村居民自愿公民型分类行为的间接效应值为0.065，95%置信区间为［0.017，0.117］，不包含0，且高低组差异显著（95%置信区间为［0.004，0.149］，不包含0）；说明在高数字素养水平下，生态价值观在新媒体使用与自愿公民型分类行为之间具有中介作用。检验结果表明，随着数字素养水平的提高，新媒体使用通过生态价值观对农村居民自愿公民型分类行为的间接效应在逐渐加强，即数字素养正向调节生态价值观在新媒体使用与农村居民自愿公民型分类行为之间的中介作用。

综上所述，本书发现，农村居民的数字素养不仅会增强新媒体使用与生态价值观之间的正向关系，而且会强化生态价值在新媒体使用与其自愿垃圾分类行为三个维度（自愿环境素养行为、自愿人际型环境行为、自愿公民型环境行为）间的传递效应。已有研究发现，农村居民的数字素养会直接影响其“公”领域亲环境行为（刘长进等，2023）。因此，本书的结论深化了数字素养对居民亲环境行为的理论研究，同时也启示我们，在引导农村居民自愿垃圾分类行为过程中需要充分发挥数字素养的直接效应和调节效应。

八、组态分析

为了探究新媒体使用与其他变量联动对农村居民自愿垃圾分类行为的影响机制，本书进一步从组态视角，运用模糊集定性比较分析（fsQCA）方法，挖掘驱动农村居民自愿垃圾分类行为（自愿垃圾分类素养行为、自愿人际型分类行为和自愿公民型分类行为）发生的多重等效路径。

模糊集定性比较分析方法的大致步骤是：首先，选取样本描述性统计的75%、50%、25%分位数作为隶属点，借助fsQCA3.0软件进行数据校准，集合隶属值为0.5的均加上0.001；其次，根据杜运周等（2022）的建议，将原始一致性阈值设定为0.8，将PRI一致性的阈值设定为0.6（Ding，2022），最终保留90%的案例样本。组态结果见表4-7。

表4-7　在fsQCA中实现高自愿垃圾分类行为的组态

条件	自愿垃圾分类素养行为		自愿人际型分类行为		自愿公民型分类行为		
	S1	S2	R1	R2	G1	G2	G3
新媒体使用	●			⊗	●		•
数字素养	⊗		●	⊗	⊗		⊗
生态价值观	●	●	●	●	●	●	
社会网络		●	●			●	●
社会信任	•	•	•	•	•	•	•
一致性	0.786	0.731	0.857	0.809	0.575	0.843	0.865

续表

条件	自愿垃圾分类素养行为		自愿人际型分类行为		自愿公民型分类行为		
	S1	S2	R1	R2	G1	G2	G3
原始覆盖度	0.242	0.388	0.549	0.073	0.534	0.181	0.215
唯一覆盖度	0.118	0.265	0.503	0.028	0.393	0.041	0.075
总体一致性	0.740		0.847		0.840		
总体覆盖度	0.506		0.576		0.650		

注："●"表示核心条件存在，"•"表示边缘条件存在；"⊗"表示核心条件缺失，"⊗"表示边缘条件缺失。

资料来源：笔者绘制。

表4-7中显示，农村居民自愿垃圾分类素养行为、自愿人际型垃圾分类行为和自愿公民型垃圾分类行为的等效路径分别有2条、2条和3条。总体一致性均在0.740以上，总体覆盖率分别为0.506、0.576和0.650，表明农村居民三种类型自愿垃圾分类行为的组态路径解释力度均在74%以上，至少能够解释50%的高水平垃圾分类行为样本案例，也表明fsQCA得到的组态结果是有效的。此外，该组态结果通过了稳健性检验。

根据表4-7中的组态分析结果，本书对农村居民不同类型自愿生活垃圾分类行为的前因组态进行简要分析：

有两种不同的组态能够驱动农村居民高水平自愿垃圾分类素养行为。S1表示以强新媒体使用、非高数字素养和强生态价值观为核心条件，强社会信任为辅助条件的组态，能够促使农村居民自愿实施垃圾分类素养行为。在组态S2中，强生态价值观和强社会网络发挥核心作用，强社会信任发挥边缘作用，激发农村居民进行自我约束而自愿参与垃圾分类，即践行垃圾分类素养行为。

有两组不同的条件组合可以引致农村居民高水平自愿人际型垃圾分类行为。R1表明，高数字素养、强生态价值观、强社会网络均为核心条件，以强社会信任为辅助条件的组态，可以促使农村居民自愿实施人际垃圾分类行为。在组态R2中，以非强新媒体使用、强生态价值观为核心条件，以强社会信任和非高数字素养为边缘条件，可以驱使农村居民实现高水平的自愿人际型垃圾分类行为。

促使农村居民高水平自愿公民型垃圾分类行为的前因组态分为三种模式。其中，G1为以强新媒体使用、非高数字素养、强生态价值观为核心条件，辅之以强社会信任为边缘条件。G2表明，以强生态价值观和强社会网络为核心条件，且以强社会信任为边缘条件的组态，可以引导农村居民在日常生活中积极实施公民垃圾分类行为。在组态 G3 中，强社会网络、非高数字素养发挥核心作用，强新媒体使用和强社会信任发挥边缘作用，也可以促使农村居民高水平践行公民垃圾分类行为。

从表 4-7 中还可得知，生态价值观在 6 条组态中均以核心条件出现，社会信任在 7 条组态中皆发挥了辅助作用，这再次证实了生态价值观和社会信任对于促进农村居民自愿实施生活垃圾分类行为的重要作用，佐证了选取生态价值观为中介变量及社会信任作为调节变量的合理性。

第六节　研究结论与政策启示

一、研究结论

本书基于国家生态文明试验区（江西）农村居民实地调查数据，构建有调节作用的中介效应模型，研究新媒体使用影响农村居民自愿生活垃圾分类行为的作用机制和边界条件。研究发现：①新媒体使用对农村居民不同维度自愿生活垃圾分类行为的影响存在差别。具体而言，农村居民新媒体使用仅能直接促进其自愿垃圾分类素养行为和自愿公民型分类行为，对其自愿人际型分类行为没有显著直接影响。②社会网络和社会信任在新媒体使用对农村居民自愿生活垃圾分类素养行为的促进作用中皆发挥了正向调节作用；社会网络负向调节了新媒体使用与农村居民自愿人际型分类行为的关系。③生态价值观在新媒体使用影响农村居民自愿垃圾分类素养行为、自愿公民型分类行为过程中存在部分中介效应，在新媒体使用对自愿人际型分类行为影响中发挥着完全中介作用。④数字素养不仅会增强新媒体使用与农村居民的生态价值观之间的正向关系，而且会正向调节生态价值观在新媒体使用与其自愿垃圾分类素养行为、自愿人际型分类行为和自愿公民型分类行为之间的中介作用。⑤新媒体使用与其他因素共同驱动农村居民自愿垃圾分类行为的发生有多条等效路径，农村居民自愿垃圾分类行为、自愿人际型分类行为和自愿公民型分类行为的前因组态分别有 2 条、2 条和 3 条。

二、政策启示

基于以上研究结论，本章提出以下政策启示：

（1）充分利用新媒体平台进行环保宣传，并根据年龄差异制定数字教育培训方案。充分利用新媒体平台宣传居民生活垃圾分类对于保护生态环境的作用，鼓励和引导农村居民使用新媒体观看、阅读和分享垃圾分类的相关信息，让农村居民全面认识生活垃圾分类的重要性和必要性，激发农村居民主动参与垃圾源头分类的内部动力。

（2）加强农村居民数字工具使用的教育培训，需要根据农村居民数字素养的差异，优化设计数字技能培训内容、方式方法，特别要加大对年纪大、受教育程度低、数字工具使用能力差的农村居民的培训力度，提高农村居民使用数字工具的能力，充分发挥新媒体在引导农村居民自觉参与垃圾分类宣传和教育中积极作用。

（3）强化新媒体宣传与村庄信任等多因素的联动效应。借助社会公益力量传授农村居民如何正确使用新媒体，利用新媒体传播正面信息，引导农村居民感知垃圾分类的诸多益处；在农村居民日常新媒体使用平台上积极开展问答互动、线上投票、话题讨论等活动，鼓励农村居民参与和表达意见，增强农村居民和外界之间的交流互动，促进信任的建立；此外，还需通过积极的宣传和互动，提高信息透明度，建立良好的新媒体治理机制，引导农村居民自愿参与垃圾分类。

第五章　政府政策、村规民约对农村居民不同类型自愿生活垃圾分类行为的影响研究

第一节　引言

建设宜居宜业和美乡村是实现中国式现代化的重要举措。党的二十大报告中明确要求建设宜居宜业和美乡村。2024 年中央一号文件中再次强调“绘就宜居宜业和美乡村新画卷”。推动农村生活垃圾源头分类减量是建设宜居宜业和美乡村的重要抓手。农村居民是农村生活垃圾源头分类减量的实施主体。目前，我国农村的大部分地区并未实施生活垃圾强制分类。因此，如何引导农村居民在生活中自觉主动地实施垃圾分类是推进和美乡村建设亟待解决的一个重要问题。

为了引导农村居民自愿对生活垃圾实施分类，国家出台了一系列政策，例如，2017 年发布的《生活垃圾分类制度实施方案》明确提出要引导居民自觉、科学地开展生活垃圾分类；《“美丽中国，我是行动者”提升公民生态文明意识行动计划（2021-2025 年）》指出，要引导公众自觉践行垃圾分类。此外，在一些农村地区，为了引导农村居民积极进行生活垃圾分类，村规民约中明确要求村民要自觉垃圾分类。在政府政策和村规民约的引导下，在我国没有实施强制分类的农村地区，有部分农村居民在生活中自愿进行垃圾分类，但仍有很多农村居民并未实施生活垃圾分类。为什么会出现这种现象？政府政策和村规民约如何影响农村居民自愿生活垃圾分类行为？通过对上述问题的回答，可为政府有效引导农

村居民在生活中自愿实施垃圾分类、进一步推进和美乡村建设提供实践指导。

政府政策、村规民约对居民自愿生活垃圾分类行为影响的相关研究主要集中在以下两个方面：一是政府政策对居民生活垃圾分类行为的研究。现有研究主要集中于比较分析不同类型政策对居民生活垃圾分类行为的影响以及同一政策工具对居民不同类型生活垃圾分类行为的影响。关于不同类型政策对居民生活垃圾分类行为的影响，徐林和凌卯亮（2017）指出，相对于宣传教育政策，经济激励型政策对居民垃圾分类水平的正向影响更强；Grazhdani（2016）认为，相对于其他政策，经济激励型政策更加有效；孟小燕（2019）发现，与公共宣传教育相比，环境设施和服务对居民垃圾分类行为的正向影响更大。关于同一政策工具对居民不同类型生活垃圾分类行为的影响，陈飞宇（2018）研究表明，设施条件、产品技术条件、政策普及度和标准可识别度对农村居民不同类型垃圾分类行为的影响存在差异。二是居民自愿亲环境行为影响因素的研究。在农村居民自愿亲环境行为的影响因素探析中，有学者重点考察了政府政策（沟通扩散型政策和服务型政策）、社会网络、生态价值观、性别等多个因素（滕玉华等，2022）。还有文献在将居民自愿亲环境行为划分为不同类型的基础上，研究个体情感因素对城市居民自愿减碳行为的影响，发现个体情感因素对城市居民不同类型自愿亲环境行为的影响存在差别（岳婷等，2022）。

这些已有的居民自愿亲环境行为和生活垃圾分类行为的研究成果，皆为本书的研究提供了宝贵参考。但现有研究仍可能存在以下空白与不足：一是已有政策工具对居民垃圾分类行为影响的研究主要关注政策工具的实施效果，忽视了农村居民垃圾分类的主动性问题。二是现有农村居民自愿亲环境行为影响因素研究多探讨政府政策、社会资本和心理因素等方面，较少关注村规民约。因此，本章采用国家生态文明试验区江西省农村地区的调研数据，在将农村居民自愿生活垃圾分类行为划分为三类（自愿垃圾分类素养行为、自愿人际型分类行为和自愿公民型分类行为）的基础上，探析政府政策（服务型政策和沟通扩散型政策）、村规民约对农村居民自愿生活垃圾分类行为的影响，并进一步探讨了在农村居民不同类型自愿生活垃圾分类行为中，政府政策与村规民约之间的互动关系，以期为政府部门更好地把握政府政策与村规民约的协调互动提供有益参考。

第二节　理论分析与研究假设

借鉴陈飞宇（2018）和滕玉华等（2022）的研究，本节将农村居民自愿生活垃圾分类行为界定为农村居民主动将生活垃圾按规定类别进行分类收集后投放至指定地点，以便于垃圾后期处理，降低垃圾的处置难度，推进垃圾无害化、资源化和减量化的行为。

针对居民自愿亲环境行为的划分结构，有学者依据行为特征并结合质性研究的方法，认为居民自愿减碳行为包括自愿减碳素养行为、自愿减碳人际行为和自愿减碳公民行为（岳婷等，2022）。关于居民垃圾分类行为的结构，有研究基于行为动机提出，居民生活垃圾分类行为涵盖决策型分类行为、习惯型分类行为、人际型分类行为和公民型分类行为（陈飞宇，2018）。参考已有研究成果，并结合农村居民的特点，本书从农村居民生活垃圾分类行为动机的视角提出，“农村居民自愿生活垃圾分类行为”可划分为三类：自愿垃圾分类素养行为、自愿人际型分类行为和自愿公民型分类行为。其中，自愿垃圾分类素养行为是指农村居民基于自身的生活习惯，在日常生活中主动对垃圾进行分类的行为；自愿人际型分类行为是指农村居民主动劝导他人进行垃圾分类的行为；自愿公民型分类行为则是指农村居民内在社会责任感和公民意识致使其进行垃圾分类的行为。

负责任的环境行为理论认为政府政策等情景因素会影响个体行为。政府政策包括经济型政策、命令控制型政策、服务型政策和沟通扩散型政策（李献士，2019）。在居民自愿亲环境行为的研究中，滕玉华等（2022）证实了服务型政策和沟通扩散型政策有助于促使农村居民自愿实施亲环境行为。课题组调研发现，农村居民自愿垃圾分类行为主要受到沟通扩散型政策和服务型政策的影响。

沟通扩散型政策是指，政府通过人际沟通和非人际沟通等方式促使生活垃圾分类信息传播和扩散，影响农村居民实施垃圾分类行为的一系列措施。其中，沟通工具是指政府运用说服、呼吁、信息呈现、榜样等形式影响农村居民生活垃圾分类行为和认知的系列措施；扩散工具是指政府通过媒体（新媒体和传统媒体）、人际接触等渠道影响农村居民生活垃圾分类行为与认知的措施。在沟通扩散型政策与农村居民自愿亲环境行为的关系研究中，滕玉华等（2022）的研究表明，沟通扩散型政策会影响农村居民自愿实施亲环境行为。在沟通扩散型政策与居民生活垃圾分类行为的关系研究中，刘长进、王俊雅（2023）认为，沟通扩散型政策有助于促使农村居民自觉进行生活垃圾分类；刘余等（2023）指出，信息干预有利于改善农村居民生活垃圾分类效果。基于此，本书提出假设：

H5-1：沟通扩散型政策会影响农村居民自愿生活垃圾分类行为（包括自愿垃圾分类素养行为、自愿人际型分类行为和自愿公民型分类行为）。

H5-1a：沟通扩散型政策会影响农村居民自愿垃圾分类素养行为。

H5-1b：沟通扩散型政策会影响农村居民自愿人际型分类行为。

H5-1c：沟通扩散型政策会影响农村居民自愿公民型分类行为。

服务型政策主要是指，政府或有关组织为方便农村居民在生活中进行垃圾分类而配备的垃圾分类基础设施和提供的垃圾分类相关服务等，主要包括在村庄配备垃圾分类投放箱、有保洁员协助垃圾分类、设立再生资源回收站点、完备的垃圾分类回收系统等。关于服务型政策对居民生活垃圾分类的影响，陈飞宇（2018）发现，设施条件和标准可识别度直接影响城市居民的垃圾分类行为；孟小燕（2019）研究发现，环境服务有助于居民实施生活垃圾分类。基于此，本书提出假设：

H5-2：服务型政策会影响农村居民自愿生活垃圾分类行为（包括自愿垃圾分类素养行为、自愿人际型分类行为和自愿公民型分类行为）。

H5-2a：服务型政策会影响农村居民自愿垃圾分类素养行为。

H5-2b：服务型政策会影响农村居民自愿人际型分类行为。

H5-2c：服务型政策会影响农村居民自愿公民型分类行为。

村规民约指的是，在国家力量支撑之下承担了特定治理使命的类型化社会规范（印子，2023）；本书所关注的农村生活垃圾分类的村规民约是指，为响应居民生活垃圾分类的要求，在农村居民所居住的村庄，农村居民共同商议制定的、共同遵守的生活垃圾分类方面的行为准则。已有研究表明，村规民约对农村居民实施亲环境行为有促进作用。例如，李芬妮等（2019）研究表明，村规民约有助于农户实施绿色生产行为。农村居民自愿生活垃圾分类行为是居民生活领域中一种自觉亲环境行为，村规民约也可能影响农村居民自愿生活垃圾分类行为。基于此，本书提出假设：

H5-3：村规民约会影响农村居民自愿生活垃圾分类行为（包括自愿垃圾分类素养行为、自愿人际型分类行为和自愿公民型分类行为）。

H5-3a：村规民约会影响农村居民自愿垃圾分类素养行为。

H5-3b：村规民约会影响农村居民自愿人际型分类行为。

H5-3c：村规民约会影响农村居民自愿公民型分类行为。

第三节　研究设计

一、数据来源

本节所涉及的数据来自本书课题组于 2022 年 6—10 月在国家生态文明试验区江西省 11 个设区市农村地区所进行的问卷调查。2016 年，江西省成为首批开展国家生态文明试验区建设的省份之一。在农村生活垃圾分类方面，截至 2023 年底，江西省有崇义县、靖安县、瑞昌市和上饶市广丰区四个县（市、区）成为国家级农村生活垃圾分类和资源化利用示范县，有南昌县、瑞昌市和柴桑区等 10 个县（市、区）成为省级农村生活垃圾分类示范县。江西省在推进农村生活垃圾分类方面做了大量工作，取得了一定成效，但农村居民混装投放垃圾的问题仍比较突出。因此，研究农村居民生活垃圾分类江西省有较好的代表性。

在样本选取阶段，本书主要采用分层随机抽样方法确定农村样本居民，共得到有效问卷 712 份。从性别来看，女性占 45.22%；从年龄看，60 岁以上样本农村居民占比为 11.66%。有效样本的人口统计特征与《江西统计年鉴 2022》的统计数据大致相符，说明本书所使用的样本具有一定的代表性。

二、变量设置

根据已有文献，本书所选择的潜变量具体说明如下：①农村居民自愿生活垃圾分类行为。关于农村居民自愿生活垃圾分类行为的测度，本书参考岳婷等（2022）的研究，从农村居民自愿垃圾分类素养行为、自愿人际型分类行为和自愿公民型分类行为 3 个维度，共设计 9 个条目。其中，农村居民自愿垃圾分类素养行为共设计 3 个条目，如“生活垃圾分类跟我个人有很大的关系”等；农村居民自愿人际型分类行为由 3 个题项构成，如“我会主动劝说身边的亲戚朋友对生活垃圾进行分类”等；农村居民自愿公民型分类行为包含 3 个测量题项，如“我能够积极参加村里举办的与生活垃圾分类相关的公益活动”等。②沟通扩散型政策。沟通扩散型政策的测度借鉴了朱润等（2021）的研究，共设计3个测量题项，如“政府有关垃圾分类的宣传教育对我进行生活垃圾分类有很大影响”等。③生态价值观。关于生态价值观的测度，本书参考凌卯亮等（2023）的研究，设置“我希望在日常行为中能做到‘保护环境’”等3个题项。以上潜变量均采用李克特5级量表测量，其中“1”代表完全不同意，“5”代表完全同意。

本书显变量的具体说明如下：①年龄［受访者实际年龄（岁）］。②个人年收入采用受访者2022年实际收入测量：1万元及以下=1；1万~3万元=2；3万~5万元=3；5万~8万元=4；8万元以上=5。③服务型政策用“您村里的清洁工多久收集一次垃圾”来测度：每周一次=1；每周两次=2；每周三次=3；每周三次以上=4。④村规民约采用“您村里是否要求对生活垃圾进行分类”来测量：否=0；是=1。⑤环境情感用“如果没有保护环境，我会感到愧疚”来测量：采用5分量表，1~5由完全不同意到完全同意。⑥政治面貌用“您家里是否有中共党员”来测量：否=0；是=1。⑦村干部身份用“您是否做过村干部（包括曾经做过）”来测量：否=0；是=1。

三、模型构建

（一）政府政策、村规民约对农村居民不同类型自愿生活垃圾分类行为的影响

农村居民自愿生活垃圾分类行为包括自愿垃圾分类素养行为、自愿人际型分类行为、自愿公民型分类行为，每种行为分别设置3个题项，最终取3个题项的均值，属于连续型数值。本部分选择多元线性回归模型进行分析，模型设定如下：

$$Y_i=\alpha_0+\alpha_0 X_1+\alpha_2 X_2+\alpha_3 X_3+\alpha_4 C_j+e_i \quad (5-1)$$

式（5-1）中，$Y_i(i=1, 2, 3)$ 分别表示农村居民自愿垃圾分类素养行为、自愿人际型分类行为、自愿公民型分类行为；X_1、X_2、X_3 分别表示沟通扩散型政策、服务型政策和村规民约；α_0 为常数项；$C_j(j=1, 2, \cdots, 7)$ 表示各控制变量；e_i 为随机误差项。

（二）农村居民自愿生活垃圾分类行为中政府政策与村规民约的互动关系

在分析不同类型的政府政策、村规民约对农村居民自愿生活垃圾分类行为的影响时，假设的是政府政策（沟通扩散型政策和服务型政策）、村规民约对农村居民自愿生活垃圾分类行为的影响是独立的，二者之间不存在交互作用。而事实

上，在农村居民自愿生活垃圾分类行为中政府政策与村规民约可能存在互动。为探究政府政策与村规民约在农村居民自愿生活垃圾分类行为中的互动关系，构建如下模型：

$$Y_i=\beta_0+\beta_0X_1+\beta_2X_2+\beta_3X_3+\beta_4X_1X_3+\beta_5X_2X_3+\beta_6C_j+\mu_i \qquad (5-2)$$

式（5-2）中，β_0 为常数项；X_1X_3 表示沟通扩散型政策与村规民约的交互项；X_2X_3 为服务型政策与村规民约的交互项；μ_i 为随机误差项；其余与式（5-1）相同。此外，为避免多重共线性，本书对政府政策和村规民约进行了中心化处理。

第四节 结果与分析

一、变量信度和效度检验

本书使用 Stata 软件对各潜变量进行信效度检验，结果显示，各潜变量（农村居民自愿生活垃圾分类行为、政府政策和生态价值观）所对应题项的因子载荷量均在 0.805 之上，KMO 值高于 0.731，这表明适合进行因子分析；所有变量的组合信度（CR 值）均在 0.860～0.960 的区间，Cronbach's α 值都高于 0.759，这表明本书所使用的量表信度较好；此外，各变量的 AVE 值均大于 0.671，远高于标准值（0.5），这表明变量间有较好的收敛效度。

二、政府政策和村规民约对农村居民不同类型自愿生活垃圾分类行为的影响研究

具体结果如表 5-1 所示。

表 5-1 政府政策、村规民约对农村居民自愿生活垃圾分类行为影响的模型估计结果

变量	模型（1）	模型（2）	模型（3）
	自愿垃圾分类素养行为	自愿人际型分类行为	自愿公民型分类行为
沟通扩散型政策	0.107** (0.053)	0.469*** (0.041)	0.480*** (0.041)

续表

变量	模型（1）	模型（2）	模型（3）
	自愿垃圾分类素养行为	自愿人际型分类行为	自愿公民型分类行为
服务型政策	0.100*** （0.035）	0.056** （0.027）	-0.014 （0.027）
村规民约	0.041 （0.082）	0.252*** （0.063）	0.247*** （0.064）
生态价值观	0.200*** （0.067）	0.374*** （0.052）	0.358*** （0.052）
环境情感	0.341*** （0.029）	-0.005 （0.022）	-0.029 （0.023）
年龄	-0.009*** （0.002）	0.005** （0.002）	0.001 （0.002）
收入	0.047 （0.032）	0.045* （0.025）	0.013 （0.025）
政治面貌	-0.007 （0.086）	0.069 （0.066）	0.078 （0.067）
村干部身份	-0.139 （0.130）	0.030 （0.101）	0.238** （0.101）
常数项	1.146*** （0.280）	-0.498** （0.216）	0.166 （0.218）
样本量	712	712	712
调整后的 R^2	0.289	0.438	0.422
F 值	33.09	62.61	58.73

注：*、**和***分别代表在10%、5%和1%的水平上显著；括号内是标准误。

资料来源：笔者绘制。

（一）政府政策和村规民约对农村居民自愿垃圾分类素养行为的影响研究

由表5-1模型（1）可知，沟通扩散型政策显著正向影响农村居民自愿垃圾分类素养行为，可能的原因：一方面，政府通过设立横幅标语、村庄广播和垃圾分类知识讲座等多种方式开展的垃圾分类宣传教育活动会规范农村居民的行为。这有利于促使农村居民养成良好的垃圾分类行为习惯，引导农村居民持续地践行环保行为。另一方面，政府开展环保宣传可以丰富农村居民的环保知识，提高农村居民对垃圾分类的有用性感知和不实施垃圾分类的危害认知，进而促使农村居民自觉实施垃圾源头分类。

服务型政策显著正向影响农村居民自愿垃圾分类素养行为。这表明农村居民所在村庄提供的垃圾分类服务越好，农村居民越会实施生活垃圾分类。这与滕玉华等（2022）的研究结果相似。滕玉华等（2022）研究发现，服务型政策是影响农村居民自愿生活亲环境行为的一个重要因素。这启示我们，完善生活垃圾分类相关的服务型政策是有效引导农村居民主动进行垃圾源头分类的一个重要途径。

村规民约的系数为正，在10%的显著水平上不显著，表明村规民约对农村居民自愿垃圾分类素养行为没有显著影响。

在控制变量中，生态价值观显著正向影响农村居民自愿垃圾分类素养行为，表明农村居民的生态保护观念越强，越有可能在生活中进行垃圾源头分类。环境情感正向影响农村居民自愿垃圾分类素养行为，这说明具有环境情感的农村居民更可能表现出积极的垃圾分类行为。年龄对农村居民自愿垃圾分类素养行为有显著负向影响，这说明年龄越小的农村居民，越可能基于生活习惯在日常生活中主动进行垃圾分类。

（二）政府政策和村规民约对农村居民自愿人际型分类行为的影响研究

表5-1中模型（2）的估计结果表明，沟通扩散型政策和服务型政策均显著正向影响农村居民自愿人际型分类行为，说明沟通扩散型政策、服务型政策均有助于促进农村居民自愿实施人际型分类行为。这与刘余等（2023）的研究结论相似。刘余等（2023）发现，信息干预能够改善农村居民生活垃圾分类效果。这启示我们，完善和优化垃圾分类的扩散型政策和服务型政策是引导农村居民主动实施人际型分类行为的一个有效途径。

村规民约对农村居民自愿人际型分类行为有显著正向影响，表明村规民约对农村居民自愿践行人际型分类行为有促进作用。生态价值观显著正向影响农村居民自愿人际型分类行为，意味着具有生态价值观的农村居民在生活中主动倡导他人实施垃圾分类的概率更大。年龄对农村居民自愿人际型分类行为有显著正向影响，表明年龄越大的农村居民越会自觉实施人际型分类行为。收入正向影响农村居民自愿人际型分类行为，表明收入越高的农村居民自觉实施人际型分类行为的可能性越大。

（三）政府政策和村规民约对农村居民自愿公民型分类行为的影响研究

从表5-1模型（3）可知，沟通扩散型政策显著正向影响农村居民自愿公民型分类行为，说明沟通扩散型政策有助于促进农村居民实施自愿公民型分类行为。这与聂峥嵘等（2021）研究结论相似。聂峥嵘等（2021）研究表明，村规民约在促进农村居民参与生活垃圾集中处理中发挥着重要作用。本部分的研究结论拓展了村规民约对居民自愿亲环境行为的理论研究，同时也为有效引导农村居民在生活中自觉实施垃圾分类行为提供新的思路。

服务型政策对农村居民自愿公民型分类行为没有显著影响，这表明服务型政策在农村居民自愿公民型分类行为中并未发挥显著作用。然而，滕玉华等（2022）研究发现，服务型政策会影响农村居民自愿生活亲环境行为。由此说明，为了更好地引导农村居民自愿实施公民型分类行为，还需要优化和完善现有的垃圾分类引导政策。

由表5-1模型（3）可知，村规民约显著正向影响农村居民自愿公民型分类行为，说明村规民约会激励农村居民自愿实施公民型分类行为。村规民约通过价值引导会逐渐影响农村居民的行为（郭利京等，2020）。当村规民约提倡村民主动爱护村庄环境时，有利于激发农村居民保护环境的公民意识，进而推动农村居民自愿实施垃圾分类行为。

生态价值观显著正向影响农村居民自愿公民型分类行为，表明具有生态价值观的农村居民更有可能在生活中主动实施公民型垃圾分类行为。村干部身份显著正向影响农村居民自愿公民型分类行为，这说明担任村干部身份的农村居民自觉实施公民型分类行为的概率更高。

三、政府政策与村规民约的互动

具体的检验结果如表5-2所示。

表5-2　政府政策与村规民约交互效应的检验结果

变量	模型（4）	模型（5）	模型（6）
	自愿垃圾分类素养行为	自愿人际型分类行为	自愿公民型分类行为
沟通扩散型政策	0.089* （0.053）	0.465*** （0.042）	0.501*** （0.042）
服务型政策	0.072** （0.035）	0.056** （0.027）	-0.020 （0.027）
村规民约	-0.007 （0.081）	0.251*** （0.064）	0.245*** （0.064）

续表

变量	模型（4）	模型（5）	模型（6）
	自愿垃圾分类素养行为	自愿人际型分类行为	自愿公民型分类行为
村规民约×沟通扩散型政策	-0.320*** （0.083）	-0.026 （0.065）	0.093 （0.066）
村规民约×服务型政策	0.238*** （0.073）	-0.014 （0.058）	0.102* （0.058）
控制变量	已控制	已控制	已控制
样本量	712	712	712
调整后的 R^2	0.308	0.437	0.426
F 值	29.71	51.12	48.96

注：*、**和***分别代表在10%、5%和1%的水平上显著；括号内是标准误。

资料来源：笔者绘制。

（一）在农村居民自愿垃圾分类素养行为中的互动关系

从表5-2模型（4）可知，在1%的置信水平上，沟通扩散型政策与村规民约的交互项显著为负，说明在促进农村居民自愿垃圾分类素养行为中沟通扩散型政策与村规民约呈现出替代效应。服务型政策与村规民约的交互项在1%的置信水平上显著为正，表明服务型政策、村规民约对农村居民自愿垃圾分类素养行为的影响存在互补效应。这与李芬妮等（2019）的研究结果相似。李芬妮等（2019）发现，在推动农民绿色生产过程中，非正式制度（村规民约）与正式制度（环境规制）之间表现出既替代又互补的关系。因此，在引导农村居民自愿实施垃圾分类素养行为的过程中，需要借助村规民约和服务型政策的双重力量，完善现有农村居民生活垃圾分类引导政策。

（二）在农村居民自愿人际型分类行为中的互动关系

表5-2模型（5）的估计结果表明，沟通扩散型政策与村规民约的交互项、服务型政策与村规民约的交互项在10%的置信水平上均不显著，表明政府政策和村规民约对农村居民自愿人际型分类行为的影响不存在交互效应。

（三）在农村居民自愿公民型分类行为中的互动关系

从表5-2模型（6）可知，沟通扩散型政策与村规民约的交互项在10%的置信水平上不显著，而服务型政策与村规民约的交互项在10%的置信水平上显著为正，说明在促进农村居民自愿公民型分类行为中，沟通扩散型政策与村规民约具有互补效应。这启示我们，为了更好地引导农村居民自愿实施人际型分类行为，需要在落实沟通扩散型政策的同时，还要将自觉垃圾分类纳入村规民约。

第五节　研究结论与政策启示

一、研究结论

本书采用国家生态文明试验区（江西）农村地区的调研数据，在将农村居民自愿生活垃圾分类行为划分为三类（自愿垃圾分类素养行为、自愿人际型分类行为和自愿公民型分类行为）的基础上，分析了政府政策（沟通扩散型政策和服务型政策）、村规民约对农村居民自愿生活垃圾分类行为的影响，并进一步探讨了在农村居民不同类型自愿生活垃圾分类行为中，政府政策与村规民约之间的互动关系。研究发现：沟通扩散型政策对农村居民自愿垃圾分类素养行为、自愿人际型分类行为、自愿公民型分类行为均有显著正向影响；服务型政策对农村居民自愿垃圾分类素养行为和自愿人际型分类行为有促进作用，但对农村居民自愿公民型分类行为没有显著影响；村规民约有利于促进农村居民实施自愿人际型分类行为、自愿公民型分类行为。在促进农村居民自愿垃圾分类素养行为中，沟通扩散型政策与村规民约呈现出替代效应；在推动农村居民自愿公民型分类行为中，服务型政策与村规民约表现出互补效应。

二、政策启示

基于以上研究结论，本书提出以下政策启示：

第一，加强垃圾分类宣传教育。政府应切实以农村居民实际需求为导向，制作趣味性高、引导力强的宣传内容，并通过张贴垃圾分类宣传标语、举办相关主题讨论会等方式，借助微信公众号、抖音短视频等网络传播媒介向农村居民宣传垃圾分类的诸多益处及不进行垃圾分类的危害，从而激发农村居民实施垃圾分类的内生动力。同时，应注重建立垃圾分类宣传教育的长效机制，推动农村居民自愿垃圾分类常态化。

第二，优化垃圾分类相关服务。政府应结合农村居民日常生活习惯和居住位置，合理配备垃圾分类投放桶，推进农村地区垃圾分类设施全覆盖。在垃圾分类投放桶的周围，应张贴分类投放指引图，帮助农村居民正确投放生活垃圾。此外，还应强化垃圾清运相关监督工作，确保清洁人员对居民分类投放的垃圾进行及时清运，提升农村居民对落实垃圾分类工作的满意度。

第三，引导村民将垃圾分类纳入村规民约。政府可倡导村民将生活垃圾分类要求纳入村规民约，发动当地乡贤的引领和榜样作用，整合乡贤、党员、志愿者和热心村民等力量，引导农村居民共同讨论和制定垃圾分类自我管理机制，营造良好的生活垃圾分类氛围，促使农村居民主动关注并积极践行生活垃圾分类。

第六章　规范激活理论视角下农村居民自愿生活垃圾分类行为研究

第一节　引言

农村居民是农村生活垃圾分类的实施主体，其生活垃圾分类行为影响农村的生态环境。国家发展改革委、住房和城乡建设部在 2017 年发布的《生活垃圾分类制度实施方案》中提出，“引导居民逐步养成主动分类的习惯，形成全社会共同参与垃圾分类的良好氛围”。因此，引导农村居民主动进行生活垃圾分类对于改善人居环境、提高生态文明建设水平至关重要。规范激活理论为解释居民亲环境行为提供了一个新的视角，也为研究农村居民自愿生活垃圾分类行为的发生机制奠定了理论基础。同时，本书课题组调研发现，农村居民的个人规范和生活垃圾自愿分类行为会受到社会规范和生态价值观的影响。将社会规范和生态价值观引入规范激活理论，研究农村居民自愿生活垃圾分类行为的发生机制，可以为政府完善和优化居民生活垃圾分类政策提供理论参考。

现有关于居民环境行为的研究主要集中在五个方面：①居民亲环境行为的理论基础。与本部分密切相关的理论主要有两个：一是规范激活理论。规范激活理论认为结果意识和责任归属通过个人规范影响个体行为。诸多学者运用规范激活理论研究居民亲环境行为，例如，吕荣胜等（2016）基于规范激活理论研究个人的节能行为。郭清卉等（2019）在规范激活理论中加入农户环境污染感知、环境关心和社会规范，研究农户亲环境行为。二是“价值—信念—规范”理论。该理论认为不同的价值观会形成不同的生态范式，生态范式通过信念和个人道德规范等影响个体的环境行为。“价值—信念—规范”理论被学者广泛用于居民亲环境行为研究中，例如，Kiatkawsin 和 Han（2017）基于“价值—信念—规范”理论研究了青年人的绿色旅游行为。Han（2015）采用“价值—信念—规范”理论探讨了旅行者在绿色旅馆中的环保行为。②居民亲环境行为的分类。芦慧等（2020）将城市居民亲环境行为分为内源亲环境行为和外源亲环境行为两类。城市居民内源亲环境行为是指居民基于内在动机的驱动，出于自愿、自觉和积极响应主流价值观等目的而主动实施的亲环境行为；外源亲环境行为是指居民受到外在动机的驱动，出于遵守规章制度或避免群体压力等目的而被动实施的亲环境行为。③居民亲环境行为影响因素的研究。已有研究发现，居民内、外源亲环境行为的影响因素存在差异。例如，芦慧等（2020）研究表明，城市居民工具性环保动机对城市居民外源亲环境行为有直接正向影响，而自利性环保动机则正向影响城市居民的内源亲环境行为。④居民环境行为的城乡差异研究。学者们的研究发现，居民环境行为存在城乡差异。例如，顾海娥（2021）发现，居民环境行为呈现出明显的城乡二元性，城市居民在环境行为上的表现要好于农村居民。⑤农村居民生活垃圾方面的研究。在此方面的研究主要集中在环保教育对农村居民生活垃圾治理参与意愿的影响（王璇等，2021）、不同奖惩方式对农村居民生活垃圾集中处理行为与效果的影响（黄炎忠等，2021）、环境新闻报道对农村居民垃圾分类的影响（潘明明，2021）、心理感知和环境干预对农村居民生活垃圾合作治理参与行为的影响（王学婷等，2019）等方面。

已有文献为后续研究奠定了良好的研究基础，但仍有可拓展的空间：一是已有关于居民内源亲环境行为的研究，主要以城市居民为研究对象，较少关注农村居民；二是现有研究主要集中在农村居民生活垃圾分类行为，忽视了自愿与被迫生活垃圾分类行为之间的差异，更是鲜有探讨农村居民自愿生活垃圾分类行为的文献。为此，本章将生态价值观和社会规范加入规范激活理论分析框架，基于国家生态文明试验区（江西）593 个农村居民的调查数据，研究农村居民自愿生活垃圾分类行为的发生机制。

第二节　研究假设

规范激活理论认为后果意识有助于激活个人规范。后果意识是个体对不实施亲环境行为而给自己或其他事物造成不良后果的意识。个体的危害后果意识越强烈，其越容易产生高水平的道德义务感从而激活其个人规范。在生活垃圾分类方面，王雨薇（2020）研究发现，城市居民的后果意识对其生活垃圾分类个人规范有正向作用。就农村居民生活垃圾分类来说，农村居民的后果意识越强，其越有可能意识到不对生活垃圾进行分类会导致不良后果。在意识到严重环境问题的情况下，农村居民就有可能激发自身的道德义务感进而“激活”其个人规范。综上，本书提出如下假设：

H6-1：后果意识对农村居民个人规范有显著正向影响。

规范激活理论认为，责任归属能够激活个人规范。责任归属是个体认为其应对不实施亲环境行为所产生的危害后果负有责任。在责任归属与个人规范的关系上，已有研究表明，个体对于危害后果的责任归属感越强，个人规范就越容易被激活。赵诗楠（2021）研究发现，居民对生活垃圾分类的责任归属感越强，居民的个人规范程度就越高；具体到农村居民，农村居民的责任归属感越高，其越容易将不参与生活垃圾分类等不环保行为所产生的危害后果归咎于自己。在自身道德义务感的影响下，农村居民的个人规范就越有可能被激活。基于此，本书提出如下假设：

H6-2：责任归属对农村居民的个人规范有显著正向影响。

生态价值观会影响个体道德义务感的形成，个体的生态价值观越强烈，就越有可能认识到危害生态的严重后果，从而激活其个人环境道德规范。关于生态价值观对个人规范的影响，杨智、董学兵（2010）认为，城市居民的生态价值观越强烈，其个人绿色消费行为的规范程度就越高。对农村居民来说，农村居民的生态价值观能够增强其对生态环境保护的重视程度，促使农村居民产生强烈的环保道德义务感，进而形成其个人规范。根据以上分析，本书提出如下假设：

H6-3：生态价值观对农村居民的个人规范有显著正向影响。

“价值—信念—规范”理论认为，生态价值观会影响个体环境行为。在生态价值观与亲环境行为的关系上，许多研究表明，生态价值观有助于居民实施亲环境行为（Schultz，1999；芦慧、陈振，2020）。对农村居民自愿生活垃圾分类行为而言，农村居民的生态价值观越强，越能调动其内心深处实施生活垃圾分类行为的主观能动性，就越有可能自愿实施生活垃圾分类行为。基于此，本书提出如下假设：

H6-4：生态价值观对农村居民自愿生活垃圾分类行为有显著正向影响。

个体与所处群体的紧密联系导致社会规范会在一定程度上影响个人规范的形成（Wang 等，2019）。已有研究表明，社会规范对消费者亲环境行为的个人规范有正向驱动作用（申静等，2020）。基于此，本书提出如下假设：

H6-5：社会规范对农村居民的个人规范有显著正向影响。

社会规范是个体所处群体中多数成员认可并接受的行为规则和标准，虽不具备法律强制力，但可通过社会压力对个体行为产生影响（张晓杰等，2016）。在社会规范影响生活垃圾分类行为方面，已有研究发现，社会规范可以显著促进居民的生活垃圾分类回收行为（Fan 等，2019）。就农村居民自愿生活垃圾分类来说，农村居民是社会群体中的一员，当其周围大多数人都主动进行生活垃圾分类时，农村居民可能会为了避免因行为差异而产生的心理压力，做出与多数人接近或者一致的行为，即农村居民感知到的社会规范越强烈，其越有可能自愿实施垃圾分类行为。综上，本书提出如下假设：

H6-6：社会规范对农村居民自愿生活垃圾分类行为有显著正向影响。

农村居民自愿生活垃圾分类行为是一种内源亲环境行为。规范激活理论认为，个人主动实施亲环境行为的动力来源于内在道德义务感，即个人规范。关于个人规范对个体亲环境行为的影响，有研究认为个人规范是特定情况下个体实施具体行为的自我期望，会正向影响个体亲环境行为。王雨薇（2020）等研究表明，个人规范对城市居民生活垃圾分类行为有直接正向影响。对于农村居民自愿生活垃圾分类行为而言，拥有强烈的个人规范的农村居民，不实施生活垃圾分类行为可能会使其产生与自我期望相背离的负疚感，从而会更主动地实施生活垃圾分类行为。基于此，本书提出如下假设：

H6-7：个人规范对农村居民自愿生活垃圾分类行为有显著正向影响。

基于以上分析，本书构建农村居民自愿生活垃圾分类行为发生机制理论模型，如图 6-1 所示。

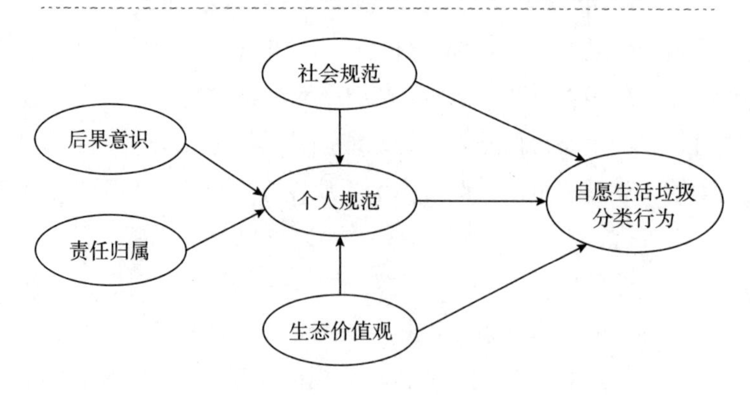

图 6-1　农村居民自愿生活垃圾分类行为发生机制理论模型

第三节　研究设计

一、数据来源

本章所涉及的数据来自本书课题组 2020 年 12 月至 2021 年 3 月在国家生态文明试验区（江西）的实地调研。为了保证样本数据具有代表性，本次调研采取分层逐级抽样和随机抽样相结合的方式选取农村居民样本。课题组通过在实地发放问卷的方式调查 635 位农村居民，剔除无效问卷后，共回收有效问卷 593 份，问卷有效率为 93.39%。

从性别来看，男性略多于女性，占总人数的 55.14%；从年龄来看，超过 40 岁的中老年农村居民是样本主体，占 54.97%；从受教育水平来看，样本以初中及以下学历的农村居民为主，占 55.31%；从收入来看，58.18%的农村居民家庭年收入在 3 万元以下。总体而言，样本的基本特征与《江西统计年鉴 2020》的数据基本相符，表明样本分布较为合理，具有一定的代表性，符合研究需要。

二、变量设置

本章各潜变量均采用李克特 5 级量表测量，1 表示完全不同意，5 表示完全同意。

(一)被解释变量

被解释变量为农村居民自愿生活垃圾分类行为，衡量方法参考芦慧等（2020）的研究，设计了3个题项，如“我会自愿把可回收垃圾与其他垃圾分开”等。

(二)核心解释变量

核心解释变量包括：①责任归属。责任归属的测量借鉴了Wang等（2019）、申静等（2020）和张晓杰等（2016）的研究，共设计了2个题项，如“我觉得在我的日常生活中有责任把垃圾分类”等。②后果意识。后果意识的测量参考了Fan等（2019）、Vassanadumrongdee和Kittipongvises（2018）和张晓杰等（2016）的研究，由4个题项构成，如“资源浪费对我的家人和后代来说将是一个问题”等。③生态价值观。生态价值观的测量借鉴了史海霞（2017）的研究，共设计了3个题项，如“我希望在日常行为中能做到保护环境”等。④社会规范。社会规范的测量参考邹秀清等（2020）的研究，有3个测量题项，如“村委会、村干部经常劝说我垃圾分类”等。

(三)中介变量

中介变量为个人规范。个人规范的测量参考了石志恒、张衡（2020）的研究，共设计了3个题项，如“实施亲环境行为更符合我的身份地位”等。

(四)控制变量

控制变量包括：性别（男=1，女=0）、年龄（25岁及以下=1，26~40岁=2，41~60岁=3，61岁及以上=4）、学历（小学及以下=1，初中以上高中以下=2，高中以上本科以下=3，本科及以上=4）和年收入（1万元及以下=1，1万~3万元=2，3万~5万元=3，5万~8万元=4，8万元以上=5）。

三、模型构建

本书借鉴温忠麟等（2004）的做法，采用逐步回归法对个人规范的中介机制进行检验，构建如下方程：

$$ZY=a_0+a_1HG+a_2ZR+a_3JZG+a_4SHGF+a_5Con+\varepsilon_i \tag{6-1}$$

$$GF=b_0+b_1HG+b_2ZR+b_3JZG+b_4SHGF+b_5Con+\varepsilon_i \tag{6-2}$$

$$ZY=c_0+c_1HG+c_2ZR+c_3JZG+c_4SHGF+c_5GF+c_6Con+\varepsilon_i \tag{6-3}$$

式（6-1）、式（6-2）和式（6-3）中，*ZY*是农村居民自愿生活垃圾分类行为；*HG*、*ZR*、*JZG*、*SHGF*分别表示后果意识、责任归属、生态价值观、社会规范；*GF* 是个人规范；*Con* 是控制变量的集合（包括性别、年龄、学历和年收入）；ε_i 是随机误差项。

第四节　结果与分析

一、共同方法偏误检验

为了避免潜变量之间由于使用同一种测量方法而出现的伪相关，本节采用 Harman 的单因子法来检验共同方法偏误。结果显示，未旋转下第一个因子方差解释量为 36.36%，低于检验标准值（40%），说明数据不存在共同方法偏差问题，研究结果具有一定的可靠性。

二、信度和效度检验

（一）信度检验

本书通过克朗巴哈系数和组合信度（CR）对问卷进行信度检验，结果如表 6-1 所示。从表 6-1 可知，各潜变量的克朗巴哈系数介于 0.673~0.917，均大于 0.6；CR 值均在 0.864~0.948 的区间。这说明量表的稳定性及内部一致性较好，问卷整体可信度较高。

表 6-1　信度、效度检验结果

潜变量	测量题项（代码）	AVE	CR	α 值	KMO 值	因子载荷
生活垃圾自愿分类行为（*ZY*）	我会自愿把可回收垃圾与其他垃圾分开	0.778	0.913	0.855	0.721	0.869
	我会自愿把有害垃圾与其他垃圾分开					0.908
	我会自愿把厨余垃圾与其他垃圾分开					0.868
后果意识（*HG*）	我国生活垃圾问题日益严重，将严重影响环境和人类健康	0.645	0.879	0.807	0.733	0.785
	生活垃圾不进行分类处理会造成资源浪费					0.855
	生活垃圾不进行分类处理会造成环境污染					0.852
	资源浪费对我的家人和后代来说将是一个问题					0.712

续表

潜变量	测量题项（代码）	AVE	CR	α值	KMO值	因子载荷
责任归属（*ZR*）	我觉得在我的日常生活中有责任把垃圾分类	0.760	0.864	0.673	0.500	0.872
	生活垃圾不分类造成资源的浪费我没有责任					0.872
生态价值观（*JZG*）	我希望在日常行为中能做到保护环境	0.858	0.948	0.917	0.760	0.932
	我希望在日常行为中能做到防止污染					0.926
	我希望在日常行为中能做到与自然界和谐相处					0.920
社会规范（*SHGF*）	村委会、村干部经常劝说我垃圾分类	0.716	0.882	0.788	0.622	0.706
	如果没有实施亲环境行为，在村干部面前我感到有压力					0.916
	如果没有实施亲环境行为，在邻居面前我感到有压力					0.900
个人规范（*GF*）	实施亲环境行为更符合我的身份地位	0.691	0.869	0.762	0.640	0.718
	我的家人认为应该实施亲环境行为					0.876
	我的邻居认为应该实施亲环境行为					0.889

资料来源：笔者绘制。

（二）效度检验

根据表6-1结果可知，各潜变量的KMO值均大于0.5，表明研究量表适合进行因子分析。本书采用因子载荷值、平均方差抽取量（AVE）和组合信度（CR）检验收敛效度，检验基准值分别为0.50、0.50和0.70。从表6-1可见，各潜变量的因子载荷值均大于0.706，AVE值均在0.645以上，CR值最低为0.864，远大于基准值，这说明模型各潜变量均具有较好的收敛效度。

为了能够在测量潜变量时，对所观测到的数值加以区分，本书采用平均方差抽取量（AVE）进行区别效度检验，结果如表6-2所示。各潜变量之间的相关系数都小于各潜变量的AVE值平方根，这表明模型各潜变量之间具有较好的区别效度。

表6-2　区别效度检验结果

变量	生活垃圾自愿分类行为	个人规范	后果意识	生态价值观	责任归属	社会规范
生活垃圾自愿分类行为	0.882					

续表

变量	生活垃圾自愿分类行为	个人规范	后果意识	生态价值观	责任归属	社会规范
个人规范	0.503***	0.831				
后果意识	0.432***	0.340***	0.803			
生态价值观	0.388***	0.339***	0.457***	0.926		
责任归属	0.447***	0.369***	0.514***	0.402***	0.872	
社会规范	0.375***	0.422***	0.199***	0.261***	0.154***	0.846

注：*** 表示在1%的水平上显著；对角线数值为对应变量的AVE平方根。

资料来源：笔者绘制。

三、模型估计结果

考虑到核心解释变量之间可能存在多重共线性，因此在对相关变量进行基准回归之前，本书采用方差膨胀因子法对所有核心解释变量进行共线性诊断，以保证回归结果的可靠性。结果显示，所有核心解释变量的方差膨胀因子（VIF）均在1.08~1.52的区间，低于检验标准值（2.0），说明本书选取的核心解释变量之间不存在严重的多重共线性。农村居民自愿生活垃圾分类行为的影响因素估计结果如表6-3所示。

表6-3 农村居民自愿生活垃圾分类行为的估计结果

变量	生活垃圾自愿分类行为（模型1）		个人规范（模型2）		生活垃圾自愿分类行为（模型3）	
	系数	P值	系数	P值	系数	P值
常数项	4.209***	0.000	3.586***	0.000	4.248***	0.000
后果意识	0.263***	0.000	0.147**	0.010	0.220***	0.000
责任归属	0.271***	0.000	0.219***	0.000	0.207***	0.000
生态价值观	0.172***	0.002	0.152***	0.004	0.127**	0.016
社会规范	0.248***	0.000	0.275***	0.000	0.167***	0.000
个人规范	—	—	—	—	0.294***	0.000
性别	-0.071	0.260	0.037	0.539	-0.082	0.175

续表

变量	生活垃圾自愿分类行为（模型1）		个人规范（模型2）		生活垃圾自愿分类行为（模型3）	
	系数	P值	系数	P值	系数	P值
年龄	−0.090**	0.047	0.031	0.474	−0.099**	0.023
年收入	0.038	0.115	−0.001	0.983	0.039*	0.099
学历	−0.038	0.387	0.017	0.694	−0.043	0.309
调整后的R^2	0.345		0.289		0.397	
F值	40.01		31.12		44.32	

注：*、**、***分别表示在10%、5%、1%的水平上显著。

资料来源：笔者绘制。

从表6-3模型（1）的估计结果可知，后果意识对农村居民自愿生活垃圾分类行为有显著正向作用，这表明提高农村居民对不实施生活垃圾分类行为的危害后果意识，会促进农村居民的生活垃圾自愿分类行为。其中的原因可能是，农村居民意识到如果不对生活垃圾进行分类，会破坏生态环境，影响自己的身体健康，还可能导致自然灾害频发，影响其农业生产；考虑到不进行生活垃圾分类产生的不利后果，农村居民会主动实施垃圾分类行为。

责任归属对农村居民自愿生活垃圾分类行为的影响显著为正，说明农村居民对不实施生活垃圾分类行为产生的不良后果的责任归属感越强烈，农村居民越有可能自愿实施生活垃圾分类。这是因为，当农村居民意识到不对生活垃圾进行分类会产生严重的环境问题时，会觉得自己有责任保护环境，这种责任感会促使农村居民自觉对生活垃圾进行分类。

生态价值观对农村居民自愿生活垃圾分类行为有显著正向作用，说明具有生态价值观的农村居民会对生活垃圾进行主动分类。其原因可能在于，具有生态价值观的农村居民的环保意识更强，更会认为自己应该保护环境，因而在日常生活中为保护环境而自愿对生活垃圾进行分类的可能性更大。

社会规范对农村居民自愿生活垃圾分类行为有显著正向作用，说明社会规范对农村居民自愿生活垃圾分类行为有促进作用。其中的原因可能是，当农村居民发现周围的大多数人都对生活垃圾进行分类时，社会规范会引发其从众心理和内在道德义务感，出于合群、道德压力约束等原因，他们主动进行生活垃圾分类的可能性较大。

四、稳健性检验

为考察基础回归估计值的稳健性，本书参考国际上公认的老龄人口划分标准，首先将样本农村居民划分为60岁及以上的“老龄组农村居民”和60岁以下的“年轻组农村居民”；然后，分别对这两组样本数据进行回归，以检验其稳健性，结果如表6-4所示。从表6-4模型（4）和模型（5）的回归结果可以看出，年轻组农村居民样本和老龄组农村居民样本各核心解释变量的回归系数符号和显著性与模型（1）基本一致，表明基础回归结果是稳健的。

表6-4　稳健性检验回归结果

变量	生活垃圾自愿分类行为（模型4）		生活垃圾自愿分类行为（模型5）	
	年轻组农村居民		老龄组农村居民	
	系数	P值	系数	P值
后果意识	0.277***	0.000	0.211	0.256
责任归属	0.254***	0.000	0.325***	0.006
生态价值观	0.206***	0.000	0.012	0.939
社会规范	0.227***	0.000	0.337***	0.002
控制变量	已控制		已控制	
常数项	0.142	0.620	0.543	0.411
调整后的R^2	0.326		0.347	
F值	35.98		7.37	
样本数	508		85	

注：***分别表示在1%的水平上显著。

资料来源：笔者绘制。

五、中介效应检验

表6-3模型（2）和模型（3）的回归结果显示，后果意识、责任归属、生态价值观和社会规范对个人规范均有显著正向影响，个人规范对农村居民自愿生活垃圾分类行为的影响也显著为正。这表明后果意识、责任归属、生态价值观和社会规范可以通过个人规范间接影响农村居民自愿生活垃圾分类行为。

为了进一步探讨各潜变量之间的直接效应、间接效应和总效应，本部分将计算结果汇总于表6-5。从表6-5可知，对农村居民自愿生活垃圾分类行为影响最大的变量是责任归属（0.335），其次是社会规范（0.329）；对农村居民个人规范影响最大的是社会规范（0.275），其次是责任归属（0.219）。由此可知，要促进农村居民自愿生活垃圾分类行为，最重要的是以环保宣传教育等方式提高农村居民的环保责任归属，其次是通过示范效应和社会舆论压力增强农村居民的社会规范感知，以此来提升农村居民的个人规范，进而促进其生活垃圾自愿分类行为。

表6-5　潜变量之间直接效应、间接效应和总效应

路径	直接效应	间接效应	总效应
后果意识→个人规范	0.147	0	0.147
责任归属→个人规范	0.219	0	0.219
生态价值观→个人规范	0.152	0	0.152
社会规范→个人规范	0.275	0	0.275
后果意识→生活垃圾自愿分类行为	0.263	0.043	0.306
责任归属→生活垃圾自愿分类行为	0.271	0.064	0.335
生态价值观→生活垃圾自愿分类行为	0.172	0.045	0.217
社会规范→生活垃圾自愿分类行为	0.248	0.081	0.329

注：总效应=直接效应+间接效应。

资料来源：笔者绘制。

第五节　研究结论与政策建议

一、研究结论

本章采用国家生态文明试验区（江西）593位农村居民的调查数据，将社会规范和生态价值观引入规范激活理论分析框架，研究农村居民自愿生活垃圾分类行为发生机制。结果表明：后果意识、责任归属通过个人规范间接影响农村居民自愿生活垃圾分类行为；生态价值观和社会规范既可以直接影响农村居民自愿生活垃圾分类行为，又可以通过个人规范间接影响农村居民自愿生活垃圾分类行为；对农村居民个人规范影响程度最大的是社会规范；对农村居民自愿生活垃圾分类行为正向影响程度最大的是责任归属，随后依次是社会规范、后果意识和生态价值观。

二、政策建议

基于上述研究结论，本书提出以下政策建议：①增强农村居民环保意识和责任感。政府要借助广播电视、微信微博等媒体平台加大宣传农村居民与环境之间的联系，如报道环境恶化对人的负面影响、制作保护环境人人有责的公益性短视频和宣传生活垃圾分类行为产生的环境效益等，让农村居民意识到自己与环境之间的不可分割性，深化农村居民的环境危害后果意识和责任归属感，促进农村居民环保个人规范的形成。②培育农村居民正确生态价值观。政府应定期组织农村居民开展各种形式的环保活动，如组织生活垃圾分类知识竞赛、组织生活垃圾分类比赛等。在活动期间，对农村居民进行环保宣传教育和生活垃圾分类相关知识讲解，以转变农村居民原有思想观念，提升农村居民的环保责任感和认同感，培育农村居民正确的生态价值观。③提升农村居民生活垃圾分类行为的社会规范感知。政府要对自主实施生活垃圾分类行为的农村居民进行公开表彰和奖励，并借助广播电视等媒体大加宣扬他们的环保行为，充分发挥他们的示范效应和群体效益，以营造良好的社会氛围，提升农村居民生活垃圾分类行为社会规范感知，促使农村居民将生活垃圾分类行为社会规范转化为个人规范，进而主动实施生活垃圾分类行为。

第七章　农村居民自愿生活垃圾分类行为的动力因素及其驱动路径研究

第一节　引言

随着居民生活水平的逐步提升，居民产生的生活垃圾数量急剧上升。由于垃圾处理不当而产生的环境污染已成为威胁全球可持续发展的重要因素之一（Sharma 和 Sinha，2023）。居民在生活中进行垃圾源头分类是减少环境污染的一条重要途径。尽管如此，无论是在发达经济体还是发展中经济体，居民生活垃圾的回收利用率普遍偏低（Fan 等，2019）。造成这一现象的核心问题在于居民参与垃圾分类的主动性并不高（Yan，2018）。既然居民自愿参与生活垃圾分类是实现生活垃圾源头分类的关键，那么，哪些因素会影响居民的生活垃圾自愿分类行为？这些因素之间又呈现何种关系？这就需要识别农村居民自愿生活垃圾分类行为的主要影响因素及其作用机制，这有助于地方政府设计有效的政策措施来推进农村居民自愿实施生活垃圾分类行为。

作为发展中经济体的中国，2022 年末，人口规模占全球总人口的 18%。其中，中国乡村常住人口规模为 49104 万人，占中国人口的比重高达 36.11%。为了减轻生活垃圾对环境造成的不利影响，中国政府于 2017 年发布《生活垃圾分类制度实施方案》，提出以“政府推动，全民参与”为基本原则。农村居民作为居民的重要组成部分，引导农村居民在生活中对垃圾进行源头分类是缓解环境污染的有力举措。毫无疑问，农村居民在生活中对垃圾进行源头分类是实现垃圾减量化、资源化和无害化的一条重要途径。因此，以中国为例考察农村居民自愿生活垃圾分类行为的发生机制，可为其他国家和地区解决农村生活垃圾分类问题提供新的思路。

以往，学者们主要从概念界定和影响因素等方面对居民自愿亲环境行为进行有益探索。在居民自愿亲环境行为的界定上，学术界尚未形成统一的观点。芦慧等（2020）将居民内源（主动）亲环境行为定义为，在内在动机的驱动下，居民为了响应主流价值观等目的而主动实施的环保行为。滕玉华等（2022）认为，农村居民生活自愿亲环境行为是指农村居民出于对环保制度规范的认可，在日常生活中自发地实施环保行为。此外，有学者对农村居民生活垃圾分类行为的影响因素进行了初步探讨。已有研究表明，影响农村居民生活垃圾分类行为的因素主要有外部因素（宣传教育、基础设施、群体规范等）（Grazhdani，2016；Deng等，2013；Nguyen 等，2015）、心理因素（生态价值观、主观规范、价值感知等）（Pakpour 等，2014；Sanchez 等，2016；Wan 等，2015）和个体特征因素（受教育程度、收入水平等）（Lakhan，2014；Sidiqu 等，2010；Grazhdani，2016）；也有学者针对城市居民的垃圾分类行为探索其决策机制（Meng 等，2019；Chen等，2019）。

然而，已有针对居民生活垃圾分类行为决策机制的研究主要集中在城市居民，研究农村居民生活垃圾分类行为发生机制的比较少见。虽然已有研究探讨了农村居民生活垃圾分类行为的影响因素，但鲜有考察农村居民自愿生活垃圾分类行为影响因素的研究。为了更好地带动农村居民在日常生活中自愿参与垃圾分类，有必要探讨农村居民自愿生活垃圾分类行为的影响因素，并探明其发生机制。

为明晰农村居民自愿生活垃圾分类行为的发生机制，本章基于国家生态文明试验区（江西）的593份农村居民调查数据，运用多元线性回归模型识别农村居民自愿生活垃圾分类行为的影响因素，并采用解释结构模型（ISM）对这些影响因素之间的层次结构作进一步剖析，以厘清农村居民自愿生活垃圾分类行为的发生机制，旨在为制定和优化农村居民自愿生活垃圾分类行为引导政策提供新的思路。

第二节　研究假设

借鉴芦慧等（2020）的研究，本书将农村居民自愿生活垃圾分类行为定义为：农村居民在自身环保价值观念的驱动下，自愿将生活垃圾进行分类收集并投放到指定地点的行为。

负责任的环境行为模型认为，实施环境行为会对个体的亲环境行为有重要影响。农村居民自愿生活垃圾分类行为是农村居民在生活中主动、自觉地实施垃圾源头分类，是一种亲环境行为。信息干预作为外部环境的重要内容，可能会影响居民生活垃圾源头分类行为。现有实证研究也表明，宣传教育可以提升居民垃圾分类意愿（Peng 等，2021），促进居民实施生活垃圾分类行为（Liu 等，2019）。根据负责任的环境行为模型，政府可通过各种途径向农村居民宣传垃圾分类相关的健康信息、环境信息和技术信息，这些信息有助于农村居民充分了解生活垃圾分类的经济价值、社会价值和环境价值，让农村居民认识到在生活中进行垃圾分类对于保护生态环境的重要性和必要性。这有利于引导农村居民在生活中自愿实施垃圾源头分类行为。基于此，本书提出假设：

H7-1：信息型政策会促进农村居民自愿实施生活垃圾分类行为。

社会资本理论认为，个体行为深深嵌入社会关系网络中，且受到社会信任的重要影响。已有学者也证实了社会网络和社会信任对于居民亲环境行为的积极影响。关于社会网络与农村居民生活亲环境行为的关系，Savari 和 Khaleghi（2023）发现，社会网络会对农户参与森林保护产生正向影响。滕玉华等（2022）研究表明，社会网络会影响农村居民生活自愿亲环境行为。关于社会信任与农村居民生活亲环境行为的关系，有学者将社会信任划分为人际信任和制度信任，研究发现，人际信任和制度信任皆有利于促进农村居民参与村域生态治理（唐林等，2020）。基于此，本书提出假设：

H7-2：社会网络、社会信任（包括人际信任、制度信任）对农村居民自愿生活垃圾分类行为产生积极影响。

代际传承是，指家庭中的父辈通过言传身教向子辈传递信息、价值观和行为的现象（Heckler 和 Childers，1989）。代际传承包括父辈身教和父辈生态知识。

社会学习理论认为，个体通过观察和模仿父辈的言行举止，会采取与其相似的行为模式。一些研究也证实，代际传承（父辈生态知识、父辈身教）会影响个体亲环境行为。青平等（2013）提出，父辈生态知识、父辈身教对子女绿色产品购买态度存在显著的正向影响作用。龚思羽等（2020）发现，父辈生态知识、父辈身教显著促进子辈的绿色消费行为。在生活垃圾分类行为中，一方面，父辈将自己所具备的生态知识通过家庭生活的每个环节渗透给子辈，从而促使子辈实施垃圾分类行为；另一方面，父辈主动践行生活垃圾分类行为会对子辈起到良好的示范作用，这有助于引导子辈自觉实施生活垃圾分类行为。基于此，本书提出假设：

H7-3：代际传承（父辈生态知识、父辈身教）会对农村居民自愿生活垃圾分类行为产生促进作用。

“价值—信念—规范”理论认为，生态价值观是促使个体采取亲环境行为的重要内在因素。一些研究也表明，生态价值观对居民亲环境行为有积极的影响。Perlaviciute 和 Steg（2015）研究发现，持有生态价值观的消费者相对于会造成水质污染的传统服装面料，更倾向于选择有机、无污染的环保服饰面料。滕玉华等（2022）指出，生态价值观能够激发农村居民的生活自愿亲环境行为。基于此，本书提出假设：

H7-4：生态价值观会对农村居民自愿生活垃圾分类行为产生促进作用。

负责任的环境行为模型认为，个体特征因素是促使个体实施环境行为的重要外因。诸多研究表明，受教育程度、年收入等个体特征因素会影响居民垃圾分类行为。Lansana（1992）研究发现，居民受教育程度与其垃圾分类行为存在正相关关系。Alhassan 等（2020）提出，收入会影响居民的垃圾分类行为。基于此，本书提出假设：

H7-5：受教育程度、年收入会对农村居民自愿生活垃圾分类行为产生影响。

第三节　研究设计

一、研究区域

本书课题组于 2020 年 12 月至 2021 年 3 月在中国国家级生态文明试验区

（江西）对当地农村居民开展了问卷调研，以获得实证数据。选择江西省作为调查区域主要出于以下几方面的考虑：一是江西省农村居民规模较大。江西省农村地区常住人口规模较大，2020 年全省乡村常住人口为 1787.80 万人，占全省常住人口比重为 39.56%。二是江西省生态环境基础较好，2018—2020 年连续三年生态质量指数（EQI）稳居全国前列。三是江西省当地政府长期重视农村地区生活垃圾分类工作。江西省于 2016 年被列为首批国家生态文明试验区，截至 2020 年 6 月，该省已有 14 个省级试点县（市、区）推进农村生活垃圾分类，其中包括九江市瑞昌市、赣州市崇义县、宜春市靖安县三个示范县（市），全省共计 195 个乡镇开展生活垃圾分类。在引导农村居民自愿践行生活垃圾分类行为方面，江西具有一定代表性。

首先，在设计调查问卷时，明确调查问卷的设计主题和调查目标。其次，根据研究主题和调查目标，基于现有研究和实际情况，确定问卷的调查框架和具体题项。为了保证获取问卷的科学性和有效性，课题组从江西师范大学的研究生中招募调查员，并在正式调研之前向调查员进行了系统培训，在培训过程中，针对研究问卷的注意事项和问卷要求进行说明，并共同讨论问卷各个题项和问卷关联性。课题组采用分层随机抽样的方式确定样本农村居民，共发放问卷 635 份，剔除无效问卷后，得到了有效问卷 593 份，问卷有效率为 93.39%，为确保结果的可信度提供了较好的数据基础。

二、变量选取与说明

潜变量的具体说明如下：社会网络的测量参考了 Yin 和 Shi（2021）的研究，包含 3 个题项，如“平时与您保持联系的亲人数量”等。借鉴何可等（2015）的研究，本书将社会信任划分为人际信任和制度信任，分别设置 2 个题项：人际信任测量题项如“您对亲戚朋友的信任程度”等；制度信任测量题项如“您对村干部的信任程度”等。在借鉴青平等（2013）研究的基础上，根据调研中农村居民反映的实际情况，将代际传承分为父辈生态知识和父辈身教两个维度，每个维度设计 2 个题项：父辈生态知识的题项如“父母经常向我讲解生态知识”等；父辈身教的测量题项如“父母经常进行垃圾分类（如将塑料瓶、纸壳分类）”等。生态价值观改编自史海霞（2017）的研究，共有 3 个测量题项，如“我希望在日常行为中能做到保护环境”等。潜变量均采用李克特 5 级量表进行测量，1～5 代表从完全不同意到完全同意。

显变量的具体说明如下：受教育程度（小学及以下=1；初中=2；高中及以上，本科以下=3；本科及以上=4）、年收入（1万元及以下=1；1万~3万元=2；3万~5万元=3；5万~8万元=4；8万元以上=5）。农村居民自愿生活垃圾分类行为借鉴芦慧、陈振（2020）的研究，用“受到我个人环保信念的驱动，即使没有垃圾分类政策的影响，我也会积极进行垃圾分类”进行测度（采用李克特5分量表，1~5表示由完全不同意到完全同意）。信息型政策参考李献士（2016）的研究，用“我通过多途径获得有关环保的信息”来测量（采用李克特5分量表，1~5表示由低到高）。

有效样本中男性占比为55.14%，女性占比为44.86%。《江西统计年鉴2021》数据显示，2020年江西省男性人口占比为51.70%，可以看出，样本特征与江西省的实际情况基本一致，样本代表性较强。从农村居民自愿生活垃圾分类行为的实际执行情况来看，受访者中仅有约44.01%的农村居民能够在生活中自觉践行生活垃圾分类，而55.99%的农村居民尚未自觉对生活垃圾进行分类，可见，样本数据符合研究需要。

三、模型构建

（一）农村居民自愿生活垃圾分类行为的影响因素模型构建

由于农村居民自愿生活垃圾分类行为的取值属于连续型数值，故选用多元线性回归模型分析农村居民自愿生活垃圾分类行为的影响因素。模型构建如下：

$$Y=\beta_0+\beta_1x_1+\beta_2x_2+\cdots+\beta_ix_i+\varepsilon \tag{7-1}$$

式（7-1）中，Y表示农村居民自愿生活垃圾分类行为；x_i表示各解释变量；β_0表示常数项；β_i表示待估计系数；ε表示随机扰动项。

（二）ISM模型

解释结构模型（ISM）可以用于识别系统的关键因素、获取各因素间的逻辑关系和层次结构。为进一步分析农村居民自愿生活垃圾分类行为各影响因素间的层级结构，本书借助ISM模型来探究影响因素之间的关联性和层次性。ISM的具体操作步骤如下：

第一步，确定因素间的逻辑关系和邻接矩阵R。假设农村居民自愿生活垃圾分类行为的影响因素有k个，则用S_0代表农村居民自愿生活垃圾分类行为，$S_i(i=1, 2, \cdots, k)$表示农村居民自愿生活垃圾分类行为的影响因素。S_0，

S_1，…，S_k 各因素邻接矩阵 R 的构成元素 r_{ij} 由式（7-2）定义：

$$r_{ij}=\begin{cases}1, & s_i \text{ 对 } s_j \text{ 有影响时}\\ 0, & s_i \text{ 对 } s_j \text{ 无影响时}\end{cases} \quad i=0,\ 1,\ \cdots,\ k;\ j=0,\ 1,\ \cdots,\ k \tag{7-2}$$

第二步，确定可达矩阵 M。通过邻接矩阵 R 计算得到：

$$M=(R+I)^{\lambda+1}=(R+I)^{\lambda}\neq(R+I)^{\lambda-1}\neq\cdots\neq(R+I)^{2}\neq(R+I) \tag{7-3}$$

在式（7-3）中，I 为单位矩阵，λ 为幂，$2\leqslant\lambda\leqslant k$，矩阵的幂采用布尔运算法则。

第三步，确定各因素的层级，根据公式：

$$P(S_i)=\{S_{i(行)} \mid m_{ij}=1\},\ Q(S_i)=\{S_{i(列)} \mid m_{ij}=1\} \tag{7-4}$$

将可达矩阵 M 分解为可达集 $P(S_i)$ 和先行集 $Q(S_i)$，其中 $P(S_i)$ 指的是可达矩阵 M 中第 S_i 行中所有矩阵元素为“1”所对应的列要素的集合；而 $Q(S_i)$ 则代表可达矩阵 M 中第 S_i 列中所有矩阵元素为“1”所对应的行要素的集合。在这里，m_{ij} 为可达矩阵 M 中的元素。

$$L_1=\{S_i \mid P(S_i)\cap Q(S_i)=P(S_i)\},\ i=1,\ 2,\ \cdots,\ k \tag{7-5}$$

通过式（7-4）和式（7-5）确定最高层次的因素，然后确定其他层次因素。具体操作为：首先，从原始可达矩阵 M 中删除第一层级（$L1$）对应的行和列，得到新的矩阵 $M1$。然后，通过进行式（7-4）和式（7-5）的运算，得到第二层级（$L2$）的因素集合。以此类推，可以得到所有层级的因素集合。

最后一步，确定各因素的层次结构。根据因素之间的层次关系，通过有向边连接同一层次和相邻层次之间的因素，最终形成农村居民自愿生活垃圾分类行为影响因素的关联网络和层次结构图。

第四节　结果与分析

一、变量信度和效度检验

本书使用 Stata 软件对问卷量表进行信效度分析，结果见表 7-1。信效度结果显示，各潜变量的 KMO 值均高于 0.5，表明样本数据适合进行因子分析；所有潜变量的 Cronbach's α 系数均大于 0.659，CR 值皆高于 0.855，AVE 的范围为

0.747~0.918，表明量表具有良好的内部一致性和整体可信度，且各潜变量的收敛效度也表现良好。

表 7-1　信效度检验结果

变量名	KMO 值	α 值	CR	AVE 平方根	因子载荷
人际信任	0.500	0.659	0.855	0.747	0.864
					0.864
制度信任	0.500	0.744	0.887	0.797	0.893
					0.893
社会网络	0.681	0.831	0.899	0.748	0.803
					0.909
					0.879
父辈生态知识	0.500	0.911	0.957	0.918	0.958
					0.958
父辈身教	0.500	0.804	0.911	0.837	0.915
					0.915
生态价值观	0.760	0.917	0.947	0.857	0.932
					0.926
					0.920

资料来源：笔者绘制。

二、农村居民自愿生活垃圾分类行为的影响因素分析

为避免多重共线性问题，本书对上述模型进行 VIF 检验，结果如表 7-2 所示。检验结果表示，解释变量的平均 VIF 值为 1.46，可见该模型不存在明显共线性问题。在表 7-2 中，模型（2）为通过剔除模型（1）中不显著的变量后的重新估计结果。从表 7-2 可以发现，信息型政策、制度信任、父辈生态知识、父辈身教、生态价值观和受教育程度的估计系数显著为正，表明这些因素有利于引导农村居民主动实施生活垃圾分类行为。

表 7-2　农村居民自愿生活垃圾分类行为影响因素的估计结果

影响因素	自变量	模型（1）		模型（2）	
		系数	t 值	系数	t 值
外部因素	信息型政策	0. 120***	2. 97	0. 123***	3. 05
	人际信任	-0. 050	-0. 70	—	—
	制度信任	0. 092*	1. 69	0. 087*	1. 84
	社会网络	0. 037	0. 72	—	—
	父辈生态知识	0. 135***	3. 34	0. 132***	3. 31
	父辈身教	0. 165***	3. 81	0. 170***	3. 97
心理因素	生态价值观	0. 370***	6. 33	0. 368***	6. 30
人口统计特征	受教育程度	0. 064*	1. 88	0. 056*	1. 73
	年收入	0. 021	0. 77	—	—
	调整后的 R^2	0. 284		0. 286	
	F	27. 07		40. 48	

注：*** 、* 分别表示在 1%、10%的水平上显著。

资料来源：笔者绘制。

三、农村居民自愿生活垃圾分类行为影响因素层级结构分析

根据回归模型的估计结果，提取出显著影响农村居民自愿垃圾分类行为的因素，分别用 S_0，S_1，S_2，…，S_6 表示农村居民自愿生活垃圾分类行为、受教育程度、生态价值观、制度信任、父辈生态知识、父辈身教和信息型政策。在理论分析和咨询居民环境行为领域专家的基础上，本书确定了上述 6 个影响因素间的逻辑关系（见图 7-1）。其中，V 表示行因素对列因素有直接或者间接影响，A 表示列因素对行因素有直接或者间接影响，0 表示行、列因素之间没有相互影响。

A	A	A	A	A	A	S_0
0	0	0	0	V	S_1	
A	A	A	A	S_2		
A	0	0	S_3			
0	0	S_4				
0	S_5					
S_6						

图 7-1　农村居民自愿生活垃圾分类行为影响因素间的逻辑关系

按照解释结构模型（ISM）的具体操作步骤，本书计算出最高层因素集 $L_1=\{S_0\}$，随后依次计算出第二层、第三层和第四层的因素集，它们分别是 $L_2=\{S_2\}$、$L_3=\{S_1, S_3, S_4, S_5\}$、$L_4=\{S_6\}$。然后，根据 L_1、L_2、L_3、L_4 将可达矩阵 M 的行和列重新排序，形成骨干矩阵 N，其公式表示如式（7-6）所示。

$$N=\begin{array}{c} \\ S_0 \\ S_2 \\ S_1 \\ S_3 \\ S_4 \\ S_5 \\ S_6 \end{array}\begin{array}{c} \begin{array}{ccccccc} S_0 & S_2 & S_1 & S_3 & S_4 & S_5 & S_6 \end{array} \\ \left[\begin{array}{ccccccc} 1 & 0 & 0 & 0 & 0 & 0 & 0 \\ 1 & 1 & 0 & 0 & 0 & 0 & 0 \\ 1 & 1 & 1 & 0 & 0 & 0 & 0 \\ 1 & 1 & 0 & 1 & 0 & 0 & 0 \\ 1 & 1 & 0 & 0 & 1 & 0 & 0 \\ 1 & 1 & 0 & 0 & 0 & 1 & 0 \\ 1 & 1 & 0 & 1 & 0 & 0 & 1 \end{array}\right] \end{array} \tag{7-6}$$

根据骨干矩阵 N，可以确定 S_0 位于第一层，S_2 位于第二层，S_1、S_3、S_4、S_5 位于第三层，S_6 位于第四层。依据式（7-6）所展示的层次关系，将同一层次及相邻层次之间的因素使用有向边连接起来，得到农村居民自愿生活垃圾分类行为影响因素的层次结构图（如图 7-2 所示）。

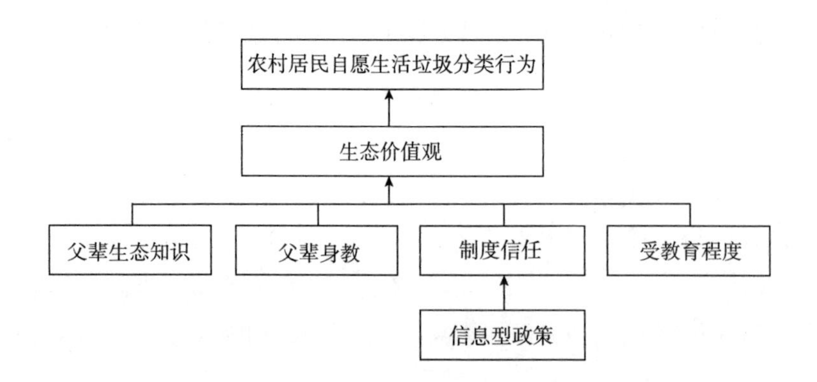

图 7-2 农村居民自愿生活垃圾分类行为影响因素间的层次结构图

由图 7-2 可知，农村居民自愿生活垃圾分类行为的发生机制可表述为：信息型政策是影响农村居民自愿生活垃圾分类行为的深层根源因素；受教育程度、父辈生态知识、父辈身教和制度信任是影响农村居民自愿生活垃圾分类行为的中间层间接因素；生态价值观是影响农村居民自愿生活垃圾分类行为的表层直接因素。具体而言，农村居民生活自愿垃圾分类行为有两条发生路径：受教育程度、父辈生态知识、父辈身教→生态价值观→农村居民自愿生活垃圾分类行为；信息型政策→制度信任→生态价值观→农村居民自愿生活垃圾分类行为。

第五节　讨论

已有研究发现，宣传教育、信息干预会影响农村居民的生活垃圾分类行为（Kirakozian，2016；Han 等，2019；Grazhdani，2016）。本书研究发现，信息型政策不仅是影响农村居民自愿生活垃圾分类行为的重要因素，而且作为根源影响因素发挥积极作用。原因可能是，农村居民接收到的垃圾分类宣传教育越充分，其生活垃圾分类知识水平越高，越容易形成积极的环境价值观，在生活中自觉践行生活垃圾分类的可能性就越大。因此，要有效引导农村居民自愿进行生活垃圾分类，需要强化信息型政策。

已有研究发现，持有生态价值观的居民更可能主动实施亲环境行为（De 等，2012）。本书研究表明，持有生态价值观的农村居民更愿意积极主动地进行生活垃圾分类。该研究结论再次证实了价值观理论。该理论认为，价值观涵盖了个人评价客观事件的价值取向和判断，对于个人行为决策具有稳定且持久的影响（Schwartz，1994）。这一结果启示我们，在引导农村居民主动实施生活垃圾分类行为过程中，需要引导农村居民树立生态价值观。

现有研究发现，受教育水平对居民生活自愿亲环境行为没有显著影响（芦慧等，2020）。而本书研究表明，受教育程度对农村居民自愿垃圾分类行为有显著正向影响。原因可能是，受教育程度越高的农村居民，信息获取能力越强，越有可能通过多种渠道了解垃圾分类相关信息，这些信息有助于引导农村居民树立保护环境的价值观念。与此同时，农村居民的受教育程度越高，其对接收到的信息的理解能力越强，对于垃圾分类在保护生态环境中的重要性和必要性的理解越深刻，其越容易树立生态文明价值观念和行为准则，在日常生活中自愿进行生活垃圾分类的可能性就会越大。

第六节　研究结论与政策建议

一、研究结论

本书基于国家生态文明试验区（江西）593个农村居民调查数据，运用多元线性回归分析和ISM模型探究农村居民自愿生活垃圾分类行为的影响因素及其层次结构。研究表明，受教育程度、信息型政策、父辈生态知识、父辈身教、制度信任以及生态价值观显著正向影响农村居民自愿生活垃圾分类行为；农村居民自愿生活垃圾分类行为的影响因素中，信息型政策是深层根源因素，受教育程度、父辈生态知识、父辈身教、制度信任是中间层间接因素，生态价值观是表层直接因素。

二、政策建议

基于上述研究结论，本书提出以下政策建议：一是政府要充分利用电视、微信公众号等媒介，提高农村居民对垃圾分类政策的知晓率和普及率，向农村居民持续推送生活垃圾分类知识，组织垃圾分类志愿者向年纪大的农村居民讲解生活垃圾分类的好处，提高农村居民对垃圾分类的认可度和参与度，引导农村居民共同参与环境保护。二是强化村委会的指导，将生活垃圾分类纳入村规民约，制定结合地域特色的生活垃圾分类宣传片、宣传手册和标语，深入学校和居民聚集场所，动员妇女和小孩等广大村民积极参与宣传活动。此外，设立垃圾分类督导员，引导农村居民正确投放生活垃圾桶，积极解决农村居民日常垃圾分类遇到的难题，营造“垃圾分类，人人参与”的良好氛围，使农村居民意识到生活垃圾分类的必要性。

当然，现阶段的研究还有一定的局限性。首先，本书的数据来源于对国家生态文明试验区（江西）农村地区开展的调研。目前，我国国家级生态文明试验区包括福建省、贵州省和海南省，后续的研究应该在更多国家级生态文明试验区开展综合调查。其次，本书探究了信息型政策、生态价值观、受教育程度等因素对农村居民自愿生活垃圾分类行为的影响，然而，仍有主观规范、环境情感等其他因素也可能会影响农村居民自愿生活垃圾分类行为，这些因素可在未来研究中进一步讨论。

第八章 农村居民亲环境生产行为对其自愿生活垃圾分类行为溢出效应研究

第一节 引言

农村居民既是农村生活垃圾源头分类的实施主体，又是农业生产的决策者。已有研究表明，居民环保行为之间存在溢出效应，即居民历史的特定亲环境行为会改变其后续其他环境行为（凌卯亮，2021；佘升翔等，2023）。农村居民在农业生产中实施的秸秆还田、化肥减量等亲环境行为可能会对其生活垃圾分类行为产生溢出效应。那么，农村居民先前的亲环境生产行为是否会对其后续生活垃圾分类行为产生溢出效应？如有溢出效应，溢出机制又是什么？上述问题的回答可为从环境行为溢出角度完善农村生活垃圾源头分类引导政策提供理论参考。

关于居民生活垃圾分类行为和环境行为溢出效应的研究主要集中在以下两个方面：一是居民生活垃圾分类行为的影响因素研究。现有研究主要考察了心理认知和情境因素对居民生活垃圾分类行为的影响。其中，心理认知因素主要包括环保自我认同、环境情感和环保目标（徐林、凌卯亮，2019；王晓楠，2019；王晓楠，2020；van der Werff 和 Lee，2021；王建华和王缘，2022），情境因素包括社会规范和便利条件（陈飞宇，2018；张怡等，2022；凌卯亮、徐林，2023）。二是居民亲环境行为溢出效应的研究。现有研究主要集中在亲环境行为溢出的界定与分类和行为溢出具体形态。关于亲环境行为溢出的界定，已有研究认为，亲环境行为溢出效应是指某领域的某种环境行为对该领域其他环境行为或不同时间、不同情景的该种环境行为的增强（正向溢出）或抑制（负向溢出）作用（Susewind 和 Hoelz，2014；Truelove 等，2014）。关于行为溢出具体形态，学者们认为，个体先前的环保行为通过改变其内在动机，从而对其后续的环保决策产生影响（Truelove 等，2014；Dolan 和 Galizzi，2015）。

综上所述，关于农村居民生活垃圾分类与行为溢出效应的研究成果颇多，但仍存在以下可以拓展的空间：一是农村居民生活垃圾分类行为的影响因素研究，主要局限于探讨心理认知和情境因素的影响，忽略了农村居民先前的亲环境生产行为，从行为溢出角度研究农村居民生活垃圾分类行为的文献相对不足。二是现有居民亲环境行为溢出效应主要关注“私”领域对“公”领域的溢出效应，而探讨农村居民生产领域亲环境行为对其生活领域亲环境行为溢出效应的文献鲜见。鉴于此，本书采用国家生态文明试验区（江西）的居民问卷调查数据，探讨农村居民先前的亲环境生产行为对其后续生活垃圾分类行为的溢出效应，以期为完善和优化农村生产和生活环境政策提供决策参考。

第二节　理论分析与研究假说

借鉴岳婷等（2022）的研究，本书将农村居民自愿生活垃圾分类行为界定为，在人与自然和谐相处下，农村居民在日常生活中积极主动进行生活垃圾源头分类。

行为一致性理论认为，个体在实施亲环境行为时会遵循一致性准则。认知失调理论认为，个体的态度与行为之间的不一致通常会引发个体内在的焦虑与紧张，个体为了尽量避免认知失调导致的心理不舒适，会维护认知与行为的一致性（Festinger，1962）。一些研究也表明，居民过去的亲环境行为会对后续亲环境行为存在正向溢出效应。例如，佘升翔等（2023）研究表明，个体的绿色能量收集行为对其后续的蚂蚁森林支持行为有正向溢出效应。Yue 等（2021）发现，居民低碳购买行为对其垃圾分类行为存在正向溢出效应。王建华等（2023）研究得出，消费者的亲环境购买行为对其后续的社会环保主义和环保媒介使用行为有正向溢出效应。由此可推断，农村居民在生产领域实施过亲环境行为后，其会从中推断自己具备与生产亲环境行为一致的态度，在后续的生活垃圾分类行为中，为了避免产生认知失调，其会积极确保自身行为的一致性，继续为了保护环境付出努力，从而产生正向溢出效应，在后续生活中自愿进行垃圾分类。基于此，本书提出假设：

H8-1：农村居民先前的亲环境生产行为会正向影响其后续的生活垃圾分类行为。

社会信任反映了群体之间的互惠信任水平。农村居民采纳秸秆还田、测土配方施肥等亲环境生产行为从而获得了良好的环境效应和经济效应后，会更信任政府和村民提供的信息，如政府提供的环保信息、补贴奖补和技术指导，这些会极大地消除自身对于绿色生产技术的疑虑，村民间关于绿色生产技术的讨论和经验分享也有效预防其对亲环境生产行为的抵触心理。他们倾向于将自身在农业生产领域中的亲环境行为解释为政府、村民、社会组织等多方协助下的正确决策。这无疑提高了农村居民对于政府政策的信任水平，并塑造了村民间互帮互助的良好风气。由此可知，农村居民的过往亲环境生产行为经历使其感受到村民间的相互信任和互惠互利，对于政府或村民释放的生活垃圾分类有助于保障健康、改善居住环境等积极信号，他们更可能听取并响应，从而在生活垃圾分类行为上表现出较高的参与度和积极性。诸多研究也证实，过往经历会影响个体的社会信任水平，并对其行为产生重要影响（都田秀佳、梁银鹤，2018；李芬妮、张俊飚，2022）。基于此，本书提出假设：

H8-2：社会信任在农村居民亲环境生产行为对其自愿生活垃圾分类行为溢出效应中起中介作用。

第三节　研究设计

一、数据来源

本章所涉及的数据源自课题组于 2022 年 6—10 月在国家级生态文明试验区（江西）开展的实地调研。本书选取江西省为调研区域，主要出于以下几点考虑：从地理位置来看，江西省处于长江流域，位于亚热带季风气候区，具备良好的农业生产条件和居住条件。从人口规模来看，截至2022年末，江西省常住人口为4527.98万人；其中，乡村常住人口为1717.46万人，占总人口的比重为37.93%，农村居民居住相对集中。从农业绿色发展来看，江西省作为我国水稻主产区之一，于2019年全省秸秆综合利用实现了90%以上的覆盖率，在秸秆还田、农膜回收等农业生产技术推广上取得了较为显著的成效。从生活垃圾分类推广来看，江西省于2016年成为首批国家生态文明试验区之一，截至2022年，全省共设有14个农村垃圾分类试点县（市、区），在引导农村居民践行生活垃圾分类行为上具有一定代表性。由此，选择江西省作为调研地区，以探讨农村居民生产亲环境行为对其自愿生活垃圾分类行为的溢出效应具有一定的代表性。

本章所选取的农村居民是2021年已经实施过生产亲环境行为，并在2021年没有实施生活垃圾源头分类的农村居民。本书采用分层随机抽样的方法共问卷调查了427个农村居民，得到有效问卷304份，有效率是72.38%。

二、变量说明

潜变量的说明如下：①农村居民自愿生活垃圾分类行为的测量参考岳婷等（2022）的研究。自愿生活垃圾分类行为的信效度检验结果显示，KMO值为0.767，表明该潜变量适合进行因子分析；因子载荷量均处于0.848~0.908的区间，AVE和CR值分别为0.756和0.925，表明该构想具有良好的信效度。②针对先前的亲环境生产行为，本书借鉴吴雪莲（2017）的研究对其进行测度。过往亲环境生产行为的信效度检验结果表明，各因子载荷量均在0.806以上，AVE值为0.707，CR值为0.935，均高于标准值，表明该构念信效度良好。此外，过往亲环境生产行为的KMO值为0.894，说明该潜变量适合采用因子分析方法。

各变量具体说明见表8-1。

表8-1　变量具体说明

变量		测量题项	赋值方式
被解释变量	自愿生活垃圾分类行为	在日常生活中，我总是出于习惯对生活垃圾进行分类	1=完全不同意；2=比较不同意；3=不确定；4=比较同意；5=完全同意
		我能够积极参加村里举办的与生活垃圾分类相关的公益活动	

续表

变量		测量题项	赋值方式
核心解释变量	先前的亲环境生产行为	在过去一年里，您使用抗病虫种子的频率为	1=从来不；2=几乎不；3=有时会；4=经常会；5=总是
		在过去一年里，您采用少耕免耕技术的频率为	
		在过去一年里，您在农业生产中使用生物农药的频率为	
		在过去一年里，您在农业生产中施用有机肥的频率为	
		在过去一年里，您采纳秸秆还田技术的频率为	
		在过去一年里，您回收农膜的频率为	
中介变量	社会信任	我对环保方面的法律法规的信任程度很高	1=完全不同意；2=比较不同意；3=不确定；4=比较同意；5=完全同意
控制变量	环保目标	我希望通过生活垃圾分类行为保护生态环境	
	消极情感	如果没有保护环境，我会感到愧疚	
	信息型政策	政府有关垃圾分类的宣传教育对我进行生活垃圾分类有很大影响	
	村规民约	您所在的村里是否要求对生活垃圾进行分类	是=1；否=0
	垃圾分类设施	您所在的村里是否有生活垃圾分类投放设施（如分类投放的垃圾桶）	是=1；否=0
	年龄	受访者的实际年龄（岁）	
	性别	受访者的性别	男=1；女=0
	政治面貌	您家里是否有中共党员	是=1；否=0

三、模型设定

为检验农村居民先前的亲环境生产行为对其后续自愿生活垃圾分类行为的溢出效应，设定如下模型：

$$Y=\alpha_0+\alpha_1 Exp+\alpha_2 Control+\varepsilon \tag{8-1}$$

式（8-1）中，Y 表示农村居民的自愿生活垃圾分类行为；Exp 表示农村居民的过往亲环境生产行为；$Control$ 表示一系列控制变量，具体包括环保目标、村规民约、消极情感、垃圾分类设施、信息型政策、年龄、性别、政治面貌。

第四节 结果分析

本书运用Stata软件，首先，对模型（8-1）进行方差膨胀因子检验。结果显示，该模型中各解释变量的VIF值均小于2，表明模型不存在严重的共线性问题。然后，通过模型（8-1）探究农村居民先前的亲环境生产行为对其后续自愿生活垃圾分类行为的溢出效应。模型的估计结果见表8-2。

表8-2 农村居民亲环境生产行为对其自愿生活垃圾分类行为溢出效应的估计结果

变量	自愿生活垃圾分类行为
过往亲环境生产行为经历	0.168*** (3.74)
环保目标	0.124** (2.58)
垃圾分类设施	0.008 (0.08)
环境情感	-0.032 (-0.97)
村规民约	0.348*** (3.31)
信息型政策	0.473*** (10.28)
性别	-0.162* (-1.89)
年龄	-0.003 (-0.89)
政治面貌	0.119 (1.37)
常数项	0.846*** (2.97)
样本量	304
调整后的 R^2	0.485

续表

变量	自愿生活垃圾分类行为
F	32.758
p	0.000

注：*、**和***分别表示在10%、5%和1%的水平上显著；括号内为t值。

资料来源：笔者绘制。

一、基准回归结果

（一）农村居民先前的亲环境生产行为对其后续生活垃圾分类行为的影响效应

农村居民先前的亲环境生产行为显著正向影响其后续的自愿生活垃圾分类行为，这表明农村居民生产领域的亲环境生产行为对其生活领域的垃圾分类产生了正向溢出。原因可能是，农村居民过往在农业生产中实施的亲环境行为有助于节约资源、减少污染，这种良好行为表现可能会激发其通过自身行动保护环境的信心。在面对政府的生活垃圾分类政策宣传时，他们会产生较为坚定的环保信念，在日常生活中会更加主动地了解垃圾分类政策，更加积极地学习和掌握垃圾分类技能，因而，其在生活中会更加自觉地进行垃圾分类行为。

（二）控制变量对农村居民生活垃圾分类行为的影响效果

1. 环保目标

环保目标对农村居民自愿生活垃圾分类行为的影响显著为正，说明树立了环保目标的农村居民更可能主动实施垃圾分类。根据目标设定理论，对于确定了环保目标的农村居民而言，在实现环保目标的过程中，他们会为了实现环保目标而持之以恒地采取亲环境行为，从而有效促使其积极参与生活垃圾分类。

2. 村规民约

村规民约显著正向影响农村居民自愿生活垃圾分类行为，表明农村居民居住地所在村庄制定的垃圾分类相关村规民约有助于促使农村居民自愿实施垃圾分类。原因可能是，村规民约作为村民共同制定和遵守的行为准则，可以通过舆论引导和规范促使农村居民自我约束（聂峥嵘等，2021；卢瑶玥等，2023）。当村规民约要求农村居民在生活中进行垃圾分类时，若农村居民未进行垃圾分类，会承受来自周边村民的指责、批评，由此形成巨大的心理压力，这无形中会促使农村居民自觉遵守村规民约，在日常生活中自觉进行垃圾分类。

3. 信息型政策

信息型政策显著正向影响农村居民自愿生活垃圾分类行为，表明信息型政策对农村居民在生活中自觉进行垃圾分类有促进作用。原因可能是，政府通过张贴海报、发放宣传手册、入户宣传等多种方式积极宣传生活垃圾分类政策，向农村居民宣讲生活垃圾分类的经济效益、环境效益和社会效益，普及生活垃圾分类知识，这些均有助于增强农村居民的环保责任感。农村居民出于环保责任感，会积极参与垃圾分类。

4. 性别

性别显著负向影响农村居民自愿生活垃圾分类行为，说明相较于男性，女性更会在生活中自觉实施垃圾分类行为。这可能是因为，在现有性别文化规范下，女性往往在家庭中扮演家务承担者的角色（龚文娟等，2022），她们会更加关注垃圾分类方面的信息，对垃圾分类带来的各种益处会理解得更深刻，在生活中更有可能自觉进行垃圾分类。

二、异质性分析

（一）教育水平异质性检验

由于不同受教育程度的农村居民对生产亲环境行为在保护生态环境中的作用认知存在差异，农村居民亲环境生产行为的溢出效应也会存在差别。因而，本书以高中学历为界，将样本农村居民划分为高教育水平组和低教育水平组，分析农村居民先前亲环境生产行为影响其后续生活垃圾分类行为的教育水平差异。根据受教育程度分组的估计结果见表 8-3。

表 8-3　根据受教育程度分组的回归结果

变量	自愿生活垃圾分类行为	
	高教育水平组	低教育水平组
过往亲环境生产行为	0.301*** （4.29）	0.082 （1.40）
环保目标	0.047 （0.74）	0.222*** （3.00）
垃圾分类设施	-0.116 （-0.79）	0.254 （1.65）

续表

变量	自愿生活垃圾分类行为	
	高教育水平组	低教育水平组
环境情感	0.013 (0.26)	-0.036 (-0.85)
村规民约	0.445*** (2.83)	0.126 (0.85)
信息型政策	0.442*** (6.85)	0.425*** (5.93)
性别	-0.138 (-1.11)	-0.078 (-0.66)
年龄	-0.011** (-2.05)	0.003 (0.50)
政治面貌	0.279** (2.01)	0.059 (0.51)
常数项	1.084** (2.31)	0.673* (1.71)
样本量	156	148
调整后的 R^2	0.571	0.367
F	23.928	10.592
p	0.000	0.000

注：*、**和***分别表示在10%、5%和1%的水平上显著；括号内为标准误。

资料来源：笔者绘制。

从表8-3可知，在高教育水平组，农村居民先前的亲环境生产行为显著正向影响其自愿生活垃圾分类行为，而在低教育水平组中不显著。说明农村居民过去亲环境生产行为对其自愿生活垃圾分类行为溢出效应存在教育水平的差异。原因可能是，一方面是由于目前生态文明教育已经融入学校课堂教学，受教育水平越高的农村居民在学校接触到的环保知识宣传教育与参与实践活动的机会越多，因而，他们具有更为深厚的环保知识储备，具有更强的环保意识；另一方面，受教育水平越高的农村居民获取垃圾分类信息和理解垃圾分类信息的能力会更强，对于实施生活垃圾分类在环境保护中的重要性和必要性的理解会更全面、更深刻，其环境意识会更强。因而，受教育水平越高的农村居民在农业生产中实施过亲环境行为后，出于保护环境的考虑，在日常生活中自愿实施垃圾分类的可能性会更大。

（二）健康状况异质性检验

为进一步考察不同健康状况的农村居民在跨领域亲环境行为溢出形态上是否存在差异，本书将样本农村居民划分为健康状况良好组和健康状况较差组，其中，健康状况良好组为健康状况自评为好以及非常好的农村居民，健康状况较差组包括自评结果为非常不好、不好和一般的农村居民；接着，进行分组回归，得到异质性检验结果（见表8-4）。

表8-4　不同健康状况的回归结果

变量	自愿生活垃圾分类行为	
	健康状况良好组	健康状况较差组
过往亲环境生产行为	0.099* (1.80)	0.276*** (3.20)
环保目标	0.101* (1.75)	0.106 (1.12)
垃圾分类设施	0.070 (0.56)	-0.138 (-0.63)
环境情感	-0.040 (-1.06)	-0.052 (-0.74)
村规民约	0.273** (2.15)	0.417** (2.15)
信息型政策	0.446*** (8.26)	0.465*** (4.55)
性别	-0.146 (-1.46)	-0.148 (-0.88)
年龄	0.002 (0.52)	-0.008 (-1.52)
政治面貌	0.150 (1.45)	0.127 (0.74)
常数项	1.126*** (3.09)	0.879* (1.73)
样本量	210	94
调整后的 R^2	0.360	0.600
F	14.086	16.469
p	0.000	0.000

注：*、**和***分别表示在10%、5%和1%的水平上显著；括号内为t值。

资料来源：笔者绘制。

在表 8-4 中，对比可知，不同健康状况农村居民的过往生产亲环境行为对自愿生活垃圾分类行为的影响皆显著为正，但健康状况良好组过往亲环境生产行为的回归系数仅为 0.099，明显低于健康状况较差组过往亲环境生产行为的回归系数（0.276），过往亲环境生产行为对自愿生活垃圾分类行为的积极作用在健康状况较差组更为显著。不同健康状况的农村居民的过往亲环境生产行为对自愿生活垃圾分类行为的影响皆显著为正的原因可能在于：不同健康状态的农村居民可能在价值观念上存在一定的一致性，都认同环境保护有助于防范健康风险，他们对环境保护和垃圾分类的重视程度和看法也可能较为相似，无论是亲环境生产行为还是垃圾分类，都与自身健康密切相关，也面临着共同的生存环境，因而对过去亲环境生产行为的心理反应类似，会为了维持自身健康继续保护环境、积极参与垃圾分类。健康状况较差组过往亲环境生产行为对自愿生活垃圾分类行为的溢出效应更为显著的原因可能在于：相较于身体状况良好的人而言，健康状况较差的人更容易感受到环境污染对他们健康问题的影响，因为环境污染可能会使其身体状况进一步恶化，因此，更愿意通过自愿垃圾分类来改善环境，保护自身健康。

（三）收入异质性

以个人年收入 3 万元为标准，将农村居民区分为高收入组（3 万元及以上）和低收入组（3 万元以下），并进行分组回归，得到异质性结果见表 8-5。

表 8-5　不同收入状况的回归结果

变量	自愿生活垃圾分类行为	
	高收入组	低收入组
过往亲环境生产行为	0.121 (1.59)	0.190*** (3.21)
环保目标	0.058 (0.75)	0.146** (2.35)
垃圾分类设施	-0.117 (-0.68)	0.087 (0.63)
环境情感	-0.042 (-0.81)	-0.028 (-0.66)
村规民约	0.449** (2.41)	0.356*** (2.68)
信息型政策	0.615*** (7.57)	0.407*** (6.87)

续表

变量	自愿生活垃圾分类行为	
	高收入组	低收入组
性别	-0.083 (-0.59)	-0.201* (-1.78)
年龄	0.005 (0.78)	-0.004 (-1.30)
政治面貌	0.132 (0.97)	0.203* (1.67)
常数项	0.282 (0.58)	0.985*** (2.68)
样本量	117	187
调整后的 R^2	0.515	0.465
F	14.692	18.975
p	0.000	0.000

注：*、**和***分别表示在10%、5%和1%的水平上显著；括号内为t值。

资料来源：笔者绘制。

从表8-5中可知，仅低收入组中过往亲环境生产行为对自愿生活垃圾分类行为影响的回归系数显著为正，而这一积极影响在高收入组中不显著。这意味着，农村居民的跨领域亲环境行为溢出效应存在收入异质性。这可能是由于不同收入的农村居民在资源可及性和环境效益感知上有所不同。具体来说，高收入农村居民往往有着更多的社会资源和更高的经济能力，有能力选择更好的居住环境和生活条件，更关注生活质量、舒适度等方面，因而对于亲环境生产行为的积极影响感知不明显；而低收入群体受限于经济能力，会更加注重资源节约，因而对亲环境生产行为有助于资源循环利用和提高效率等特性更为敏感，且垃圾分类可以实现减量化、资源化等，他们在垃圾分类行为上也表现得更加积极。

综合以上异质性检验结果可知，农村居民亲环境生产行为对其自愿生活垃圾分类行为的溢出效应在社会人口统计特征上存在异质性。从学历来看，高学历亲环境生产行为的正向溢出效应显著，而低学历组不显著；从健康状况来看，健康状况较差的农村居民其亲环境生产行为的溢出效应强于健康状况良好组；从收入水平来看，低收入者在实施亲环境生产行为后更可能积极参与垃圾分类，而高收入者行为正向溢出不显著。这一研究结论与 Yue 等（2021）的研究成果较为相似。Yue 等（2021）考察了居民的低碳购买行为对低碳使用行为、回收行为和垃圾分类行为的溢出效应，发现该行为溢出在人口统计变量上存在差异。

三、作用机制分析

基于前文的研究假设，农村居民先前的亲环境生产行为影响其后续的自愿生活垃圾分类行为可能存在“过去亲环境生产行为经历→社会信任→自愿生活垃圾分类行为”的传导路径。为了检验社会信任的中介效应，本书参照温忠麟等（2006）的做法，构建如下中介机制检验模型：

$$M=\beta_0+\beta_1 X+\beta_2 Control+\varepsilon_2 \tag{8-2}$$

$$Y=\gamma_0+\gamma_1 X+\gamma_2 M+\gamma_3 Control+\varepsilon_3 \tag{8-3}$$

在式（8-2）与式（8-3）中，M 表示社会信任，其余与式（8-1）相同。

中介机制检验结果如表 8-6 所示。农村居民先前的亲环境生产行为对其社会信任有显著正向影响，说明农村居民先前的亲环境生产行为通过提高社会信任水平，对农村居民自愿生活垃圾分类行为产生了促进作用。佘升翔等（2023）研究发现，环境自我身份在数字化绿色行为的正向溢出效应中起中介作用。本书的研究结论不仅拓展了居民亲环境行为溢出效应的理论研究，而且为有效引导农村居民自觉进行生活垃圾源头分类提供新的路径。

表 8-6　中介机制的检验结果

变量	社会信任	自愿生活垃圾分类行为
过往亲环境生产行为	0.184*** (0.050)	0.132*** (0.045)
社会信任		0.197*** (0.051)
垃圾分类设施	-0.023 (0.118)	0.013 (0.104)
环境情感	0.018 (0.036)	-0.035 (0.032)
村规民约	0.144 (0.117)	0.320*** (0.103)
信息型政策	0.471*** (0.051)	0.381*** (0.051)

续表

变量	社会信任	自愿生活垃圾分类行为
性别	-0.077 (0.095)	-0.147* (0.084)
年龄	-0.003 (0.003)	-0.002 (0.003)
政治面貌	0.033 (0.097)	0.113 (0.085)
常数项	1.021*** (0.317)	0.645** (0.283)
样本量	304	304
调整后的 R^2	0.382	0.509
F	16.846	17.419
p	0.000	0.000

注：*、**和***分别表示在10%、5%和1%的水平上显著；括号内为标准误。

资料来源：笔者绘制。

第五节 研究结论与政策建议

一、研究结论

本章基于国家生态文明试验区（江西）的农村居民问卷调查数据，研究农村居民先前的亲环境生产行为对其后续自愿生活垃圾分类行为的溢出效应。研究发现：①农村居民亲环境生产行为对其自愿生活垃圾分类行为存在正向溢出效应。②农村居民亲环境生产行为对其自愿生活垃圾分类行为的影响在社会人口统计特征上存在异质性，主要表现在学历差异、收入差异以及健康状况差异上。具体而言，在高教育水平组中农村居民亲环境生产行为具有正向溢出效应，但在低教育水平组中溢出效应不显著；在低收入组中农村居民亲环境生产行为具有正向溢出效应，但在高收入组中溢出效应不显著；不同健康状况的农村居民的过往亲环境生产行为对自愿生活垃圾分类行为的影响均显著为正，但这种积极作用在健康状况较差组更为明显。③社会信任在农村居民亲环境生产行为对自愿生活垃圾分类行为的正向溢出效应中发挥着中介作用。

二、政策建议

基于上述研究结论，本书提出以下政策建议：①在农业绿色生产践行度较低的农村地区，政府首先要重点做好农业绿色生产政策的宣传工作，引导农村居民主动实施亲环境生产行为，为亲环境生产行为正向溢出奠定良好的基础。②在农业绿色生产实施率高的农村地区，要完善农村生活垃圾分类投放体系建设（如垃圾分类投放箱和分类转运车辆等），提升农村生活垃圾分类前端投放服务；还要发挥亲环境生产行为的正向溢出效应，引导农村居民积极进行生活垃圾分类。③提升农村居民的社会信任水平。鼓励基层干部一方面及时准确传达农业绿色生产和生活垃圾分类方面的政策，适时召开村民大会听取农村居民的意见，提高农村居民的制度信任水平；另一方面通过在村庄开展多样化公共活动，为农村居民互动互信提供良好的平台。④为不同群体设计不同的垃圾分类宣传方案，增强农村居民环保意识。政府要加大垃圾分类的宣传力度，持续进行生活垃圾分类教育，重点要做好受教育程度低及高收入群体的农村居民垃圾分类的宣传工作，增强农村居民的环保意识。同时，通过环境污染问题造成居民身体疾病的负面案例，引导农村居民深刻认识环境问题和健康的关系，促使他们愿意通过个人行为来改善人居环境，从而提升生活质量和健康状况。

第九章　农村居民自愿生活垃圾分类行为发生组态路径研究

第一节　引言

关于如何更好地促进农村居民主动实施生活垃圾分类行为，政府和学术界高度关注。《乡村建设行动实施方案》强调，要大力推进农村生活垃圾分类减量化与资源化利用。农村居民作为农村生活垃圾分类的主体，引导农村居民在日常生活中自觉进行生活垃圾分类是生态宜居美丽乡村建设的关键。但实地调研发现，目前存在农村居民垃圾分类积极性不高，主动参与垃圾分类程度较低等问题。究其原因，生活垃圾分类是农村居民的一种自主选择行为，心理因素和外部情境因素皆是影响农村居民行为选择的重要因素（唐林等，2019）。为了有效引导农村居民自愿参与生活垃圾分类，有必要从整体视角探析个体心理与外部情境作用下不同因素相互依赖对农村居民自愿生活垃圾分类行为的复杂影响机制，这对解决农村环境问题、实现乡村振兴战略具有重要的理论和现实意义。

关于居民环境行为的研究主要集中在以下三个方面：一是居民内源（自愿）亲环境行为的内涵研究。芦慧等（2020）认为，城市居民内源（自愿）亲环境行为是指城市居民出于自愿、自觉和积极响应主流价值观等目的而主动实施的亲环境行为。二是农村居民自愿亲环境行为影响因素的研究。诸多研究表明，个体心理因素和外部情境因素会对农村居民自愿亲环境行为产生重要作用。例如，滕玉华等（2022）研究发现，生态价值观、制度信任、沟通扩散型政策和服务型政策对农村居民的自愿亲环境行为具有正向影响。三是农村居民生活垃圾分类行为影响因素的研究。已有研究发现，影响农村居民垃圾分类行为的因素主要包括个体心理因素和外部情境因素。在个体心理因素方面，一些实证研究表明，环保价值观和知觉行为控制等心理因素对农村居民垃圾分类行为具有显著影响（潘明明，2021；申静等，2020）。在外部情境因素方面，有学者发现，环保公共基础设施建设越完善，农村居民垃圾分类与收集行为的响应程度越高（邓正华等，2013）。此外，还有学者探究了环境知识及其宣传、社会信任等外部情境因素对农村居民生活垃圾分类行为的作用机理（贾亚娟、赵敏娟，2020）。值得注意的是，一些学者研究发现外部情境因素不仅可以通过个体心理因素的中介作用间接影响农村居民的生活垃圾分类行为（张怡等，2022），而且可以调节个体心理因素和农村居民生活垃圾分类行为之间的关系（林丽梅等，2017）。

综观现有文献发现，虽然成果丰硕，但仍存在以下可拓展空间：一是已有研究聚焦于考察农村居民垃圾分类行为的影响因素，而对于农村居民垃圾分类行为主动性问题鲜有关注，研究农村居民自愿生活垃圾分类行为的文献较少。二是现有研究多采用定量分析方法探究单个心理因素或情境因素对农村居民垃圾分类行为的影响，忽略了个体心理和外部情境因素间复杂的互动关系，从组态视角探讨个体心理与外部情景因素联动对农村居民生活垃圾分类行为影响的研究鲜见。定性比较分析方法（QCA）能够考察多种因素对结果的组态效应，并解释不同组态与结果间的复杂因果关系（杜运周、贾良定，2017）。鉴于此，本书采用国家生态文明试验区（江西）593个农村居民的问卷调查数据，运用模糊集定性比较分析（fsQCA）方法来揭示驱动农村居民自愿生活垃圾分类行为的多重并发组态路径，为农村生活垃圾分类相关政策的制定提供新的理论依据和决策参考。

第二节　理论分析

本章借鉴芦慧等（2020）的研究，将农村居民自愿生活垃圾分类行为界定为农村居民基于自身环保价值观念，在生活中自觉主动地将生活垃圾进行分类收集，并投放到指定地点的行为。农村居民自愿生活垃圾分类行为是一种环境行为。负责任的环境行为模型认为，环境行为是由相关的个体心理因素和外部情境因素共同作用的结果。因此，个体心理因素和外部情境因素可能同时存在并共同影响农村居民的自愿生活垃圾分类行为。本书课题组深入访谈后发现，影响农村居民自愿生活垃圾分类行为的个体心理因素主要包括生态价值观、环境责任感和自我效能感；外部情境因素主要有环境政策、社会信任。基于此，本节从个体心理因素和外部情境因素两个方面进行理论分析。

一、个体心理因素

“价值—信念—规范”理论认为，个体环境行为会受到生态价值观的影响。生态价值观是指，农村居民在平衡人类与生态环境关系时所确立的目标和规范。一些学者研究发现，生态价值观对居民亲环境行为的形成具有显著促进作用（滕玉华等，2022）。就农村居民生活垃圾分类行为而言，具有生态价值观的农村居民会把保护生态环境作为自身的追求目标，因此，他们更可能在生活中自觉进行生活垃圾分类。由此，本书认为，生态价值观会影响农村居民生活垃圾自觉分类行为。

负责任的环境行为模型认为，环境责任感是推动个体实施环境行为的关键因素。环境责任感是指，农村居民对环境问题采取行动的责任意识和责任倾向。诸多研究表明，环境责任感会对居民垃圾分类行为产生积极影响。廖茂林（2020）研究发现，城市居民的环境责任感越强烈，其对生活垃圾分类行为的实施程度越高。具体到农村居民生活垃圾分类行为，当农村居民认为自己有责任、有义务保护生态环境时，不采取生活垃圾分类行为可能会使其产生与自身责任观念相违背的罪恶感，进而促使农村居民自觉进行生活垃圾分类。据此，本书认为，环境责任感可能影响农村居民自愿生活垃圾分类行为。

社会认知理论认为，自我效能感是推动个体实施环境行为的重要前因；已有大量研究证明自我效能感与居民生活垃圾分类行为之间存在正相关关系（廖茂林，2020）。本书课题组调研也发现，农村居民对于自身执行生活垃圾分类行为的能力越自信，越会主动在生活中实施更多的垃圾分类行为。由此可知，自我效能感可能对农村居民自愿生活垃圾分类行为产生影响。

二、外部情境因素

ABC 理论强调，个体在实施亲环境行为时，会受到环境政策等外部因素的影响（Guagnano 等，1995）环境政策包括沟通扩散型政策和服务型政策。有学者研究发现，沟通扩散型政策和服务型政策对农村居民自愿亲环境行为具有显著影响（滕玉华等，2022）。具体到生活垃圾分类行为中，在沟通扩散型政策方面，政府向农村居民广泛宣传与生活垃圾分类相关信息，有助于农村居民了解生活垃圾混合处理的危害以及主动生活垃圾分类能够带来的环境效益，从而促进农村居民主动采取生活垃圾分类行为。在服务型政策方面，政府通过完善农村垃圾分类基础设施建设、提供垃圾分类相关的服务项目，可以改善农村居民垃圾分类便利条件，节约农村居民在垃圾分类过程中所耗费的时间和精力，从而引起农村居民在垃圾分类行为上的主动跟随。综上所述，本书认为环境政策（沟通扩散型政策、服务型政策）会影响农村居民自愿生活垃圾分类行为。

社会资本理论认为，社会信任是促使个体采取环境集体行动的最直接因素。生活垃圾分类行为作为一项建立在个体环境行为基础上的集体合作行为，社会信任能够促进农村居民参与生活垃圾分类（贾亚娟、赵敏娟，2021）。针对农村居民生活垃圾分类，社会信任会增强农村居民对其他村民采取垃圾分类行为的信心，当农村居民相信其他村民不会对垃圾分类行为持有观望态度时，他们更可能为了保护公共环境而自发进行生活垃圾分类。当然，现有有关社会信任与农村居民生活垃圾分类行为的文献也佐证了这一点，例如，贾亚娟、赵敏娟（2021）研究发现，社会信任水平越高，农村居民的生活垃圾源头分类选择偏好越强。据此，本书认为，社会信任可能对农村居民自愿生活垃圾分类行为有影响。

基于上述分析，构建农村居民自愿生活垃圾分类行为理论模型如图 9-1 所示。

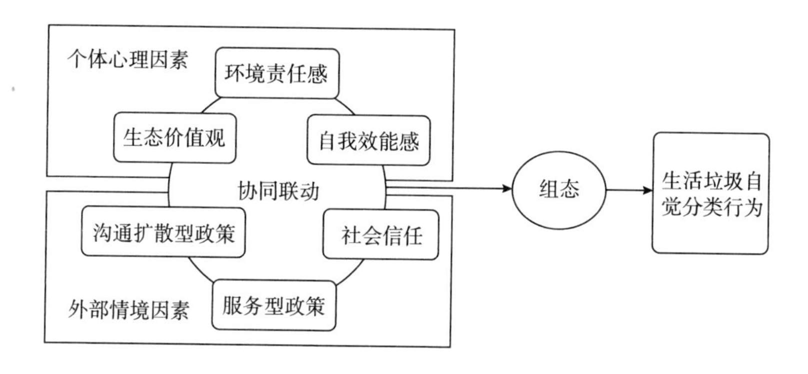

图 9-1 个体心理和外部情境因素驱动农村居民自愿生活垃圾分类行为的理论模型

第三节　材料与方法

一、研究方法

定性比较分析（QCA）是一种融合定性与定量特征的基于集合理论的研究方法，具有整体性和多维度分析的优势，可以解决多重并发因果导致的复杂社会问题（杜运周、贾良定，2017）。本书选择模糊集定性比较分析（fsQCA）方法的原因在于：①fsQCA 方法能够从整体性关系上识别影响农村居民自愿生活垃圾分类行为的不同因素构成，实现复杂情境下的多项交互研究。②fsQCA 方法能够通过识别引发同一结果的不同组态路径解释多重并发因果关系。③导致农村居民高水平生活垃圾自愿分类行为和非高水平生活垃圾自愿分类行为发生的路径可能存在非对称性，fsQCA 方法可以分析这种非对称性。④相较于清晰集（csQCA）和多值集（mvQCA）两种定性比较分析方法，fsQCA 方法能够通过多个锚值衡量前因条件在不同程度上的变化对农村居民自愿生活垃圾分类行为造成的细微影响，提高了研究结果的准确度。

二、数据来源

本章数据来自课题组于 2020 年 12 月至 2021 年 3 月在国家生态文明试验区（江西）的实地调研。本次调研采用分层随机抽样方法选取样本农村居民，调查期间共发放问卷 635 份，收回有效问卷 593 份，有效率为 93. 39%。从年龄上看，54. 97%的农村居民年龄集中在 40 岁及以上；从受教育程度来看，只接受过初中及以下教育的农村居民超过半数（占比 55. 31%）。根据《江西统计年鉴 2018》数据，2017 年末，江西省农村居民年龄在 40 岁及以上的占比约为 52. 96%，初中及以下学历的农村居民占比约 55. 5%。可见，本次调研数据与官方数据大致相符，所用数据具有一定的代表性。此外，本书共探讨了 6 个前因条件对农村居民自愿生活垃圾分类行为的影响，根据 QCA 方法对样本数量的要求，样本量应当包含可能形成组态的所有案例，即农村居民样本数量至少为 27 个，因此本书的 593 个样本满足要求。

三、变量测量

结果变量：农村居民自愿生活垃圾分类行为。本书参考芦慧和陈振（2020）的研究，设计了1个测量题项，为“受到我个人环保信念的驱动，即使没有垃圾分类政策的影响，我也会积极进行垃圾分类”。前因条件：包含个体心理因素和外部情境因素两个方面（具体测量及量表来源见表9-1）。结果变量与前因条件变量均采用李克特5级量表进行测量，从1到5依次表示为从“完全不同意”到“完全同意”。各变量选择与赋值详见表9-1。

表9-1 变量选择与赋值

<table>
<tr><th colspan="2">变量选择</th><th>测量指标</th><th>参考量表</th></tr>
<tr><td colspan="2">农村居民自愿生活垃圾分类行为</td><td>受到我个人环保信念的驱动，即使没有垃圾分类政策的影响，我也会积极进行垃圾分类</td><td>芦慧、陈振，2020</td></tr>
<tr><td rowspan="9">个体心理因素</td><td rowspan="3">生态价值观</td><td>我希望在日常行为中能做到保护环境</td><td rowspan="3">凌卯亮，2020</td></tr>
<tr><td>我希望在日常行为中能做到防止污染</td></tr>
<tr><td>我希望在日常行为中能做到与自然界和谐相处</td></tr>
<tr><td rowspan="2">环境责任感</td><td>我觉得在我的日常生活中有责任把垃圾进行分类</td><td rowspan="2">申静等，2020</td></tr>
<tr><td>生活垃圾不分类造成资源的浪费我没有责任</td></tr>
<tr><td rowspan="4">自我效能感</td><td>对我来说，实施亲环境行为（如垃圾分类、节电等）是轻而易举的</td><td rowspan="4">吴建兴，2019</td></tr>
<tr><td>实施亲环境行为（如垃圾分类、节电等）时，即使感到有障碍，也不会放弃</td></tr>
<tr><td>只要我愿意，我可以很容易地实施亲环境行为（如垃圾分类、节电等）</td></tr>
<tr><td>我有时间、资源和机会在日常生活中实施亲环境行为（如垃圾分类、节电等）</td></tr>
<tr><td rowspan="6">外部情境因素</td><td rowspan="2">沟通扩散型政策</td><td>我通过多途径（如广播、电视、报纸、手册等）获得有关环保的信息</td><td rowspan="2">李献士，2016</td></tr>
<tr><td>宣传教育使我认识到对生活垃圾进行分类的重要性</td></tr>
<tr><td>服务型政策</td><td>废品回收网点有很多</td><td>李献士，2016</td></tr>
<tr><td rowspan="3">社会信任</td><td>您对同村居民的信任程度</td><td rowspan="3">赵连杰，2020</td></tr>
<tr><td>您对村干部的信任程度</td></tr>
<tr><td>您对政府政策的信任程度</td></tr>
</table>

第四节　结果与分析

一、信效度检验

运用 Stata 软件对模型变量进行信效度检验，检验结果如表 9-2 所示。表 9-2 结果显示，各变量的 Cronbach's α 值均超过 0.673，CR 值都大于 0.848，说明量表的内部一致性较好，问卷整体可信度较高。各潜变量的 KMO 值都超过 0.5，表明研究量表适合进行因子分析。本书采用标准化因子载荷和平均方差抽取量（AVE）检验量表效度，由表 9-2 可知，各条目标准化因子载荷范围在 0.748 和 0.932 之间、AVE 值介于 0.644 和 0.858 之间，均符合检验标准，说明量表具有较好的收敛效度和建构效度。

表 9-2　信效度检验结果

变量	KMO 值	α 值	CR	AVE	标准化因子载荷
生态价值观	0.760	0.917	0.948	0.858	0.932
					0.926
					0.920
环境责任感	0.500	0.673	0.864	0.760	0.872
					0.872
自我效能感	0.798	0.814	0.878	0.644	0.774
					0.803
					0.846
					0.785
沟通扩散型政策	0.500	0.696	0.848	0.767	0.876
					0.876
社会信任	0.634	0.741	0.852	0.659	0.748
					0.878
					0.805

资料来源：笔者绘制。

二、QCA 分析步骤

（一）变量校准

参考 Ragin（2008）研究，本书采用直接校准法对六个前因条件与结果变量进行校准，将其完全隶属、交叉点和不完全隶属锚点分别设定为案例样本描述性统计的95%、50%和5%分位数。校准后的集合隶属度区间为 0 和 1 之间。各变量的校准锚点及描述性统计详见表 9-3。

表 9-3 变量的校准锚点及描述性统计结果

结果变量及前因条件	校准锚点			描述性统计分析			
	完全隶属点	交叉点	完全不隶属点	平均值	最小值	最大值	标准差
生活垃圾自愿分类行为	5	4	2	3. 96	1	5	0. 98
生态价值观	5	4. 33	3	4. 35	2	5	0. 65
环境责任感	5	4	2. 50	3. 98	1. 50	5	0. 83
自我效能感	5	3. 75	2. 50	3. 77	1. 25	5	0. 79
沟通扩散型政策	5	4	2. 50	4. 05	1	5	0. 81
服务型政策	5	4	2	3. 53	1	5	1. 03
社会信任	5	3. 75	2. 67	3. 75	1. 33	5	0. 64

资料来源：笔者绘制。

（二）必要性分析

在进行组态分析之前，首先使用 fsQCA 3. 0 软件对高水平与非高水平生活垃圾自愿分类行为的前因条件进行必要性分析，以验证其是否为结果变量的必要条件（见表 9-4）。表 9-4 结果显示，所有单项前因条件的一致性水平最高为 0. 838，均低于 0. 9 的理论值，说明本书选取的前因条件中不存在导致高水平或非高水平生活垃圾自愿分类行为的必要条件，需要进一步探索产生生活垃圾自愿分类行为的条件组态。

表 9-4　必要性分析结果

前因条件	高水平生活垃圾自愿分类行为		非高水平生活垃圾自愿分类行为	
	一致性	覆盖度	一致性	覆盖度
生态价值观	0.642	0.750	0.406	0.385
~生态价值观	0.474	0.496	0.737	0.626
环境责任感	0.782	0.787	0.583	0.476
~环境责任感	0.480	0.586	0.739	0.733
自我效能感	0.742	0.803	0.541	0.475
~自我效能感	0.514	0.580	0.775	0.710
沟通扩散型政策	0.793	0.772	0.639	0.505
~沟通扩散型政策	0.492	0.626	0.712	0.737
服务型政策	0.616	0.824	0.473	0.513
~服务型政策	0.636	0.598	0.838	0.639
社会信任	0.659	0.737	0.610	0.554
~社会信任	0.601	0.655	0.710	0.628

注："~"表示逻辑非。

资料来源：笔者绘制。

（三）条件组态的充分性分析

杜运周和贾良定（2017）指出，当 PRI 一致性阈值等于 0.7 或大于等于 0.75 时，可以有效避免潜在的矛盾组态问题。为了确保结果的准确性，本书遵循 Fiss（2011）和杜运周、贾良定（2019）的建议，将原始一致性阈值设定为 0.8、PRI 一致性阈值设定为 0.70、频数阈值设定为 80%，进行模糊集分析，结果如表 9-5 所示。根据表 9-5 的结果，模糊集分析得出产生高水平生活垃圾自愿分类行为的组态有五条，五个组态的一致性水平介于 0.9081~0.9257，总体解的一致性为 0.8930，均大于 0.8 的检验标准；模型解的覆盖度为 0.6520，说明这五个组态都是构成高水平生活垃圾自愿分类行为的充分条件，且可以解释约 65.2%的高水平生活垃圾自愿分类行为的案例。同时，模糊集分析得出产生非高水平生活垃圾自愿分类行为的组态有两条，单个组态的一致性水平和解的总一致性都高于 0.8，总体覆盖度为 0.5025，表明这两条组态不仅构成了非高水平生活垃圾自愿分类行为的充分条件，而且有效解释了约 50.25%的非高水平生活垃圾自愿分类行为原因。

表 9-5　农村居民自愿生活垃圾分类行为的组态分析结果

前因条件	高水平生活垃圾自觉分类行为					非高水平生活垃圾自觉分类行为	
	组态 1a	组态 1b	组态 2	组态 3	组态 4	组态 5a	组态 5b
生态价值观	●	●	●	●		⊗	⊗
环境责任感	●	●	●		●	⊗	⊗
自我效能感	●	●		●	●	⊗	⊗
沟通扩散型政策		•	•	•	•		⊗
服务型政策	⊗		●	●	●	⊗	
社会信任	⊗						⊗
一致性	0. 9089	0. 9081	0. 9168	0. 9248	0. 9257	0. 9150	0. 9341
原始覆盖度	0. 3113	0. 4996	0. 4388	0. 4251	0. 4173	0. 4877	0. 3804
唯一覆盖度	0. 0278	0. 0517	0. 0532	0. 0395	0. 0318	0. 1221	0. 0148
总一致性	0. 8930					0. 9092	
总覆盖度	0. 6520					0. 5025	

注：“●”表示核心条件存在，“⊗”表示核心条件缺失，“•”表示边缘条件存在，“⊗”表示边缘条件缺失，空白表示该条件可存在亦可不存在。

三、组态分析

（一）高水平生活垃圾自愿分类行为的组态分析

由表 9-5 可知，共有五种组态路径能够有效地促进农村居民实施高水平生活垃圾自愿分类行为，每一条路径都代表着不同的路径类型。

1. 个体内在驱动型

该类组态以高生态价值观、高环境责任感和高自我效能感为核心条件，根据不同的边缘条件，可以被划分为两个二阶等价组态：组态 1a 和组态 1b。在组态 1a 中，边缘条件为非高服务型政策和非高社会信任，此路径表明，在农村居民同时具备高的生态价值观、高的环境责任感和高的自我效能感时，即使缺乏服务型政策和社会信任，农村居民也会主动进行生活垃圾分类。在组态 1b 路径中，边缘条件为高沟通扩散型政策，该组态表明政府优化沟通扩散型政策，通过培养农村居民高的生态价值观、高的环境责任感和高的自我效能感，能够促使农村居民在生活中主动进行生活垃圾分类，在这种情况下，服务型政策和社会信任对产生高水平生活垃圾自愿分类行为的作用并不必要。

2. 价值观和责任感双元主导逻辑下的政策助推型

在组态 2 中，高生态价值观、高环境责任感和高服务型政策同时作为核心条件存在，辅之以高沟通扩散型政策作为边缘条件，可以产生高水平生活垃圾自愿分类行为。此路径表明，认同生态价值观的农村居民认为自己有责任保护生态环境时，一旦政府加大垃圾分类宣传教育力度，同时完善垃圾分类基础设施建设等服务性措施，就能够激发农村居民自愿采取生活垃圾分类行为，此时，自我效能感和社会信任对高水平生活垃圾自愿分类行为的作用并不必要。

3. 价值观与效能感导向下政策驱动型

在组态 3 中，高生态价值观、高自我效能感、高服务型政策为核心条件，互补高沟通扩散型政策为边缘条件，能够引发高水平生活垃圾自愿分类行为。这一组态表明，如果农村居民的生态价值观和自我效能感高，沟通扩散型政策和服务型政策也高，环境责任感和社会信任并不对高水平生活垃圾自愿分类行为产生实质影响。

4. 责任感和效能感主导的政策拉动型

在组态 4 中，以高环境责任感、高自我效能感、高服务型政策为核心条件，互补高沟通扩散型政策为边缘条件，能够驱动高水平生活垃圾自愿分类行为发生。该组态表明，政府加强沟通扩散型政策和服务型政策，通过培养农村居民高的环境责任感和高的自我效能感，可以促进农村居民主动实施生活垃圾分类行为，在此过程中，农村居民是否具有高生态价值观和高社会信任对产生高水平生活垃圾分类行为并无实质影响。

（二）非高水平生活垃圾自愿分类行为的组态分析

表 9-5 结果显示，存在两条驱动非高水平生活垃圾自愿分类行为发生的二阶等价路径，即组态 5a、组态 5b。在组态 5a 中，当非高生态价值观、非高环境责任感、非高自我效能感发挥核心作用，非高服务型政策发挥辅助作用时，农村居民不会主动对生活垃圾进行分类。在组态 5b 中，当非高生态价值观、非高环境责任感和非高自我效能感作为核心条件，互补非高沟通扩散型政策和非高社会信任作为辅助条件时，农村居民也不会自发参与生活垃圾分类。

（三）组态间横向对比分析

从高水平生活垃圾自愿分类行为的五条组态路径来看，第一，个体心理因素大多作为核心条件存在，仅有部分路径缺失，且个体心理因素作为核心前因条件的数量明显多于外部情境因素，表明个体心理因素对激发农村居民自愿生活垃圾分类行为具有重要作用，甚至比外部情境因素更为重要。第二，从相似组态间的关系来看，组态2和组态3的不同之处在于农村居民的环境责任感与自我效能感：当生态价值观、沟通扩散型政策和服务型政策同时存在时，环境责任感与自我效能感可互为替代关系。农村居民环境责任感的产生并不一定意味着其具备执行生活垃圾分类行为的能力，但具有环境责任感的农村居民会主动获取与生活垃圾分类相关的环保信息，这同样能促使农村居民在生活中主动进行生活垃圾分类。组态3和组态4的不同之处在于生态价值观和环境责任感：当自我效能感、沟通扩散型政策和服务型政策同时存在时，农村居民的生态价值观和环境责任感具有等效替代作用。

从驱动农村居民非高水平生活垃圾自愿分类行为的两条组态路径来看，在完全缺失个体心理因素的情况下，不论外部情境因素如何改变，都无法激发农村居民自愿生活垃圾分类行为，这说明农村居民内心的变化对其主动实施生活垃圾分类行为有较大的影响，也进一步说明农村居民自愿生活垃圾分类行为的发生是由个体心理与外部情境因素共同作用的结果。

对比高水平生活垃圾自愿分类行为和非高水平生活垃圾自愿分类行为的条件组态可以发现，影响农村居民高水平生活垃圾自愿分类行为和非高水平生活垃圾自愿分类行为的前因条件具有非对称性，且促使农村居民自愿生活垃圾分类行为发生的组态路径并不唯一，只要适当的个体心理因素和外部情境因素联动匹配，均能够驱动农村居民自愿生活垃圾分类行为的发生。

四、稳健性检验

借鉴张明和杜运周（2019）研究，本书选用调整原始一致性阈值（由0.8提升至0.85）和改变PRI一致性阈值（从0.7提高到0.75）的方法对农村居民自愿生活垃圾分类行为的前因组态进行稳健性检验。结果显示，调整后，解的总体一致性和总体覆盖度与表9-5结果基本一致，说明前文的研究结果较为稳健。

第五节　研究结论与政策启示

一、研究结论

本书运用模糊集定性比较分析（fsQCA）方法，从个体心理因素和外部情境因素两个层面探讨影响农村居民自愿生活垃圾分类行为的多重并发因素及作用机理，研究结果表明：第一，驱动农村居民高水平生活垃圾分类行为发生的路径有五条，其中存在一定的替代关系。例如，在生态价值观、沟通扩散型政策和服务型政策同时存在的情况下，只要农村居民保持高的环境责任感或者高的自我效能感，便可促使其自觉进行生活垃圾分类。第二，个体心理因素比外部情境因素的影响作用更大，但单一的个体心理因素难以发挥作用，需要与外部情境因素协同联动；仅存在一种例外情况，如果农村居民对垃圾分类的价值观、责任感以及行为能力都非常完善，其也会自觉参与生活垃圾分类。第三，农村居民生活垃圾分类行为的驱动机制存在因果非对称性，导致非高水平生活垃圾自愿分类行为的两条路径与导致高水平生活垃圾自愿分类行为的五条路径并非截然相反的，即并不能根据产生高水平生活垃圾自愿分类行为的原因来逆向推导产生非高水平生活垃圾自愿分类行为的原因。

二、政策启示

基于上述结论，本书提出如下政策建议：第一，充分重视个体心理因素在促进农村居民自愿生活垃圾分类行为中的作用。通过微信、抖音、广播、宣传栏等方式广泛宣传生活垃圾不分类的危害、农村居民与生态环境之间的关系等方面的信息，培育农村居民的生态价值观和环境责任感，增强农村居民进行生活垃圾分类的自觉性。另外，对于自身分类能力较弱的农村居民，应当加强对其进行垃圾分类知识与技能的培训，提升其垃圾分类能力。第二，注重个体心理与外部情境因素的协同作用，在政府资源有限的情况下，应结合不同农村地区的特性有针对性地制定相关政策。例如，在整体环境责任感较为薄弱且缺乏社会信任的农村地区，通过实施沟通扩散型政策和服务型政策来提高农村居民的生态价值观和自我效能感，以传播具体化、有针对性的生活垃圾分类知识为重点，加强对生活垃圾分类行为各方面生态效益的宣传。同时，针对农村居民的不同需求提供相应的垃圾分类服务，以激发农村居民生活垃圾分类行为的主动性。

第十章　农村居民生活垃圾分类行为习惯养成影响因素研究

第一节　引言

资源浪费和环境污染是世界各国和地区共同面对的环境问题。居民生活垃圾分类实现源头减量化和资源化利用，是应对资源浪费和环境污染的重要举措。截至 2022 年底，中国总人口规模高达 14.3 亿，占全球人口的比重为 18%。其中，中国的农村常住人口占中国人口总数的比重为 36.11%。农村居民是生活垃圾分类的主体，引导农村居民养成生活垃圾分类的良好习惯是实现生活垃圾源头减量化和资源化利用的一条有效途径。为引导农村居民实施生活垃圾分类，中国政府制定并实施了一系列相关政策措施。在国家政策的引领和鼓励下，部分农村居民已逐渐形成了垃圾分类的良好习惯。然而，相当多的农村居民尚未养成生活垃圾分类的习惯。在国家大力推进居民生活垃圾分类的背景下，探索影响农村居民生活垃圾分类行为习惯形成的因素，可为完善现有农村生活垃圾分类引导政策提供借鉴。

现有居民生活垃圾分类行为习惯相关的研究主要集中在以下几个方面：一是居民行为习惯的研究。现有居民行为习惯的研究主要聚焦在习惯的概念、测量及其影响因素上。在习惯的概念界定上，学者尚未达成一致。例如，Aarts 等（1997）将习惯界定为某种目的和行为之间的自动连接；而 Saba 等（2000）指出，习惯是居民自动或者无意识地不断重复过去的行为。在习惯的测量上，Verplanken 和 Orbel（2003）编制的自我报告习惯索引（The Self Report Habit Index，SRHI）被广泛运用于测量居民的日常生活习惯，如体育锻炼习惯、饮食习惯、新媒体使用习惯。关于居民行为习惯的影响因素，学者们研究发现，影响居民行为习惯的主要因素包括情境因素和个体因素。其中，情境因素通常被认为是影响居民习惯的主要因素，其包括设施、外部奖励、干预策略等（杨秀娟，2021；褚昕宇，2021；杜立婷和李东进，2020）。Tappe 等（2013）发现，基础设施是促进居民养成体育锻炼习惯的重要影响因素。居民个体因素主要包括行为重复频率、认知、情感和年龄等（Wood 和 Neal，2007；Lally 和 Gardner，2013；Ding，2020）。二是居民生活垃圾分类的研究。与本书密切相关的居民生活垃圾分类文献主要包括居民生活垃圾分类概念及其影响因素的研究。关于居民生活垃圾分类的概念，现有研究尚未形成统一的结论，不同的学者有着不同的理解。曲英（2007）认为，生活垃圾源头分类行为是指城市居民将产生的生活垃圾按规定的类别分类收集，并将这些分类收集的垃圾投放到指定地点或卖掉的行为。陈飞宇（2018）将垃圾分类行为界定为，在垃圾管理的过程中，城市居民作为垃圾产生和处理的源头，将其按规定类别进行分类收集，并投放到指定地点，进而降低垃圾的处置难度，促进实现垃圾无害化、资源化和减量化的行为。学者们研究发现，关于居民生活垃圾分类的影响因素主要有心理因素（如生态价值观、环境情感、主观规范和价值感知等）、情景因素（如垃圾分类设施、政府政策、便利条件等）（孟小燕，2019；问锦尚等，2019；Martin 等，2006；Wan 等，2013）和社会人口统计特征（如年龄、性别、受教育程度、收入和政治面貌等）（Zhang 等，2017；徐林等，2017；Lakhan，2014；Gamba 和 Oskamp，1994；Grazhdani，2016）。

虽然，现有文献为本书探讨农村居民生活垃圾分类行为习惯的影响因素提供了良好的研究基础，但仍可能存在以下不足：一是现有居民行为习惯的研究主要聚焦在饮食、体育锻炼、新媒体使用等领域，研究居民亲环境行为习惯的文献较少，探讨农村居民生活垃圾分类行为习惯的研究更是少见。相较于居民的饮食和体育锻炼等行为，居民生活垃圾分类行为具有外部性特征。可见，居民生活垃圾分类行为习惯具有其独特之处。因此，为了更好地引导农村居民养成生活垃圾分类的习惯，有必要探究农村居民生活垃圾分类行为习惯的影响因素。二是农村居民生活垃圾分类的研究多集中在农村居民生活垃圾分类行为的影响因素上，而考察农村居民生活垃圾分类行为习惯的文献还很缺乏。鉴于此，在已有研究的基础上，本书基于国家级生态文明示范区（江西）的调研数据，运用多元回归模型探讨农村居民生活垃圾分类行为习惯的影响因素，为有效引导农村居民养成生活垃圾分类行为习惯的政策制定提供一定参考与借鉴。

相较于现有研究，本书可在以下两点做出有益补充：①聚焦于农村居民生活垃圾分类行为习惯，构建农村居民生活垃圾分类行为习惯的影响因素模型，拓展现有居民行为习惯的研究领域。②在现有农村居民生活垃圾分类行为研究的基础上，将农村居民生活垃圾分类行为延展到农村居民生活垃圾分类行为习惯，实证分析农村居民生活垃圾分类行为习惯的影响因素，为有效引导农村居民养成生活垃圾分类行为习惯的政策制定提供参考建议。

第二节　理论分析与研究假设

借鉴 Saba 等（2000）的研究，本书将农村居民生活垃圾分类行为习惯界定为，农村居民在日常生活中，自动或无意识地不断重复过去的生活垃圾分类行为。现有研究表明，影响居民个体行为习惯的因素主要有情境因素和个体因素（Yang，2021；Zhu，2021；Du 和 Li，2020；Wood 和 Neal，2007）。本书课题组通过深度访谈农村居民发现，影响农村居民生活垃圾分类行为习惯的情境因素主要有垃圾分类宣传教育、垃圾分类设施和经济型政策，影响农村居民生活垃圾分类行为习惯的个体因素主要是收运环节信任、环境认知、环境情感、生活垃圾分类频率和新媒体使用。基于以上分析，本书从情境因素和个体因素两个方面进行文献回顾，并提出研究假说。

一、情境因素

在个体行为设施条件与居民行为习惯的关系研究中，一些研究表明，个体行为设施条件会影响居民行为习惯。褚昕宇和肖焕禹（2020）发现，城市运动设施的易得性对青少年体育锻炼习惯养成有显著影响。Althoff 等（2017）研究表明，社区设施的步行可达性直接影响个体参与体育锻炼的频次，并与个体能否形成身体活动习惯紧密相关。Brooks 等（2014）认为，当个体吃药的行为在家中某个特定场景中完成时，其服药行为更易于坚持。关于政策宣传对个体行为持续的影响，盖豪等（2020）研究表明，政策宣传对农户秸秆机械化持续还田行为有促进作用。在经济奖励与居民行为习惯的关系研究中，薛彩霞等（2018）发现，基础设施补贴和设备补贴对农户持续采用节水灌溉技术有促进作用。杜立婷（2015）认为，奖励可以促进消费习惯的养成。Shen 等（2019）指出，不确定性的奖励对个体重复性行为有双重驱动力，积极影响个体持续参与某一行为的意愿。Wood 和 Neal（2016）认为，持续性的、可预期的奖励会促进个体短期习惯的养成。基于此，本书提出假设：

H10-1：垃圾分类设施会影响农村居民生活垃圾分类行为习惯。

H10-2：垃圾分类政策宣传会影响农村居民生活垃圾分类行为习惯。

H10-3：经济奖励会影响农村居民生活垃圾分类行为习惯。

二、个体因素

在个体行为频率与其行为习惯的关系研究中，一些学者认为个体过去行为的重复是其行为习惯形成的前提条件之一（Limayem 等，2007；Verplanken 和 Wood，2006）。诸多研究也证实个体习惯与其过去行为频率显著正相关（Wohn 和 Ahmadi，2019；Lankton 等，2010；Vishwanath，2015）。Wood 和 Neal（2007）认为，当同一行为重复出现时会逐渐发展为习惯，即不需要推理或认知思考也可产生。Liu 等（2019）研究发现，个体使用社交网站的频率对习惯性社交网站使用有正向预测作用。关于新媒体使用对个体行为习惯的影响，Ding（2020）发现新媒体会对大学生的阅读习惯产生影响。基于此，本书提出假设：

H10-4：生活垃圾分类行为频率会影响农村居民生活垃圾分类行为习惯养成。

H10-5：新媒体使用会影响农村居民生活垃圾分类行为习惯养成。

关于认知对居民行为习惯的影响，Seo 和 Ray（2019）认为，认知僵化对习惯性社交网站使用有正向影响。Zareie 和 Navimipour（2016）发现，环境认知是影响居民养成环保习惯的重要因素。在情感与个体行为习惯的关系研究中，Liu 等（2018）认为，归属感对社交媒体使用习惯强度有正向影响。Lally 和 Gardner（2013）指出，达成健康目标带来的成就感有利于居民养成健康饮食习惯。一些研究也发现，感知愉悦度可以正向预测习惯性社交网站的使用（Hsiao 等，2016；Yang 等，2016）。关于信任对个体行为持续的影响，余威震等（2019）发现，对村干部的信任对农户有机肥技术持续使用行为有促进作用。基于此，本书提出假设：

H10-6：环境认知会影响农村居民生活垃圾分类行为习惯养成。

H10-7：环境情感会影响农村居民生活垃圾分类行为习惯养成。

H10-8：收运环节信任会影响农村居民生活垃圾分类行为习惯养成。

一些研究认为，社会人口统计特征会对个体习惯养成产生影响。例如，褚昕宇（2021）发现，家庭经济条件是影响青少年体育锻炼习惯养成的重要因素。李莎莎、朱一鸣（2016）研究表明，农户家庭收入水平对农户持续使用测土配方肥行为有显著正向影响。罗博文等（2023）研究认为，村干部职务行为能够显著影响乡村治理的有效性。王璇等（2021）研究发现，未担任过村干部的农村居民接受环保教育后的生活垃圾治理参与意愿显著提升了67.0%，而担任过村干部的农村居民生活垃圾治理参与意愿则显著提升85.2%。基于此，本书提出假设：

H10-9：收入会影响农村居民生活垃圾分类行为习惯养成。

H10-10：是否担任过村干部会影响农村居民生活垃圾分类行为习惯养成。

第三节　研究设计

一、研究区域

2022年，江西省常住人口为4527.98万人。其中，乡村常住人口为1717.46万人，占总人口的比重为37.93%。江西省于2016年入选为首批国家生态文明试验区，截至2022年，全省已有195个乡镇全部开展生活垃圾分类，共设有14个县（市、区）试点农村垃圾分类，涵盖九江市瑞昌市、赣州市崇义县、宜春市靖安县和上饶市广丰区4个国家级示范县（市）。在国家生态文明建设、美丽乡村建设等环境治理的浸润下，农村居民开始接触并逐步了解生活垃圾分类。因此，本书选取中国江西省作为研究区域以探究农村居民生活垃圾分类行为习惯的影响因素具有一定代表性。

二、变量选取与说明

本书最终采用的调查问卷由两部分组成。第一部分重点关注农村居民生活垃圾分类行为习惯的养成情况。农村居民的生活垃圾分类行为习惯借鉴了Verplanken和Orbel（2003）提出的量表，并结合农村居民的调研由本书课题组自行开发，共设置五个题项。该变量的信效度检验结果显示，五个题项的因子载荷量均大于0.7，适合进行因子分析，且 Cronbach's α 值为 0.965，CR 值为 0.973，AVE 值为 0.878，表明该潜变量具有较好的建构效度和信度。具体测量题项见表10-1。第二部分主要测度影响农村居民生活垃圾分类行为习惯的外部情境因素（垃圾分类设施、垃圾分类政策宣传和经济奖励）和个体因素（生活垃圾分类行为频率、新媒体使用、收运环节信任、环境认知、环境情感、年龄、收入水平、是否担任过村干部等）。具体测量题项、来源及赋值方式如表 10-1 所示。

表 10-1　变量说明及描述性统计分析

变量名称	变量说明	均值	标准差
生活垃圾分类行为习惯	生活垃圾分类是我自然而然做的事情：完全不同意=1；比较不同意=2；不确定=3；比较同意=4；完全同意=5	3.997	0.997
	我进行生活垃圾分类已经有很长时间了：完全不同意=1；比较不同意=2；不确定=3；比较同意=4；完全同意=5		
	我下意识就会进行生活垃圾分类：完全不同意=1；比较不同意=2；不确定=3；比较同意=4；完全同意=5		
	我总是主动进行生活垃圾分类：完全不同意=1；比较不同意=2；不确定=3；比较同意=4；完全同意=5		
	如果没进行生活垃圾分类我会觉得不舒服：完全不同意=1；比较不同意=2；不确定=3；比较同意=4；完全同意=5		
垃圾分类设施	您村里是否有生活垃圾分类投放箱（桶）：是=1；否=0	0.816	0.388
垃圾分类政策宣传	我在政府宣传中了解到很多关于生活垃圾分类的政策：完全不同意=1；比较不同意=2；不确定=3；比较同意=4；完全同意=5	4.169	1.015
经济奖励	如果政府提供生活垃圾分类补贴或物质奖励，我会进行垃圾分类：完全不同意=1；比较不同意=2；不确定=3；比较同意=4；完全同意=5	4.235	0.960
生活垃圾分类行为频率	我对生活垃圾进行分类的频率：从不=1；偶尔=2；一般=3；经常=4；总是=5	2.739	0.494
新媒体使用	您是否通过网络工具（微信、抖音、百度等）学习生活垃圾分类的有关知识：是=1；否=0	0.646	0.479
环境认知	我对农村生态环境保护的了解程度很高：完全不同意=1；比较不同意=2；不确定=3；比较同意=4；完全同意=5	3.705	1.054
环境情感	如果没有保护环境，我会感到愧疚：完全不同意=1；比较不同意=2；不确定=3；比较同意=4；完全同意=5	3.595	1.429
收运环节信任	您是否看到过分类投放的垃圾被清洁工混装在一起运走：是=1；否=0	0.718	0.450

续表

变量名称	变量说明	均值	标准差
年收入水平	1万元及以下=1；1万~3万元=2；3万~5万元=3；5万~8万元=4；8万元以上=5	2.442	1.209
是否担任村干部	您是否担任过村干部（包括曾经做过）：是=1；否=0	0.104	0.305

三、数据收集

本章所涉及的数据源于课题组于2022年6—10月在国家级生态文明试验区（江西）进行的实地调研。调研通过随机入户、面对面访谈、线上问卷等多种途径进行。收集问卷774份，在筛选和删除无效问卷后，得到712份有效问卷，问卷有效率为92%。

样本的人口统计特征如表10-2所示。在性别方面，男性占比略高于女性，为54.78%，女性占45.22%；在收入方面，人均年收入在3万元及以下的样本占56.87%，3万~8万元的样本占35.68%，8万元以上的样本占7.44%。《江西统计年鉴2022》显示，2021年全省男性人口占比为51.70%，农村居民平均年收入为2.26万元。这说明，样本特征数据与江西农村地区现实情况大致相符，样本数据具有一定代表性。

表10-2　样本的人口统计特征

指标	选项	频数	比例（%）
性别	男	390	54.78
	女	322	45.22
收入	1万元及以下	188	26.40
	1万~3万元	217	30.47
	3万~5万元	168	23.60
	5万~8万元	86	12.08
	8万元以上	53	7.44

四、模型构建

本章所选取的因变量为农村居民生活垃圾分类行为习惯，借鉴Verplanken和

Orbell（2003）的研究，本书设计 5 个测量题项，采用李克特 5 级量表测量，取 5 个题项的均值，属于连续型数值。基于此，本书采用普通多元线性回归模型识别农村居民生活垃圾分类行为习惯的影响因素，模型设定如下：

$$Y_i=\alpha_0+\alpha_1x_1+\alpha_2x_2+\cdots+\alpha_ix_i+\varepsilon_i \tag{10-1}$$

式（10-1）中，Y 表示农村居民生活垃圾分类行为习惯；i 表示第 i 个农村居民；α_0 表示常数项；α_i 表示第 i 个影响因素的回归系数；x_i 表示各影响因素；ε_i 表示随机误差。

第四节　结果与分析

本章采用 Stata 软件对模型进行回归分析和相关检验：首先，对模型中的各解释变量进行多重共线性诊断，结果显示，各变量的 VIF 值在 1.05 和 2.02 之间，均小于临界值 10，说明各变量之间不存在严重的共线性，符合回归的基本要求；然后，对农村居民生活垃圾分类行为习惯的影响因素进行回归分析，估计结果见表 10-3。

表 10-3　农村居民生活垃圾分类行为习惯影响因素的估计结果

变量		OLS		二元 Probit	
		系数	t 值	系数	t 值
情境因素	垃圾分类设施	0.141***	2.78	0.019	-0.09
	垃圾分类政策宣传	0.198***	7.55	0.220*	-1.90
	经济奖励	0.038*	1.80	0.02	-0.13
个体因素	生活垃圾分类行为频率	1.074***	21.89	2.330***	-10.78
	新媒体使用	0.077*	1.73	0.367*	-1.69
	环境认知	0.202***	8.48	0.396***	-3.40
	环境情感	0.033**	2.40	0.213**	-2.47
	收运环节信任	0.039	0.90	0.01	-0.07
	年收入水平	0.009	0.54	-0.06	-0.72
	是否做过村干部	0.007	0.11	-0.21	-0.53

续表

变量	OLS		二元 Probit	
	系数	t 值	系数	t 值
常数项	-1.016***	-7.66	-7.809***	-9.54
样本量	712		712	
调整后的 R^2	0.748		0.690	

注：***、**、*分别表示在1%、5%和10%的水平显著。

资料来源：笔者绘制。

一、基准回归结果

由表10-3可知，各变量在OLS模型和二元Probit模型的估计结果中均呈现出较为一致的显著性，表明模型估计结果有较强的稳健性。本部分基于OLS模型的估计结果进行分析和解释。

（一）情境因素影响分析

1. 垃圾分类设施

垃圾分类设施对农村居民生活垃圾分类行为习惯有显著正向影响，说明在村庄配备生活垃圾分类投放箱（桶）有助于农村居民养成生活垃圾分类的习惯。原因在于，稳定的情境线索会触发个体行为的高频重复，使个体无须投入过多思考而自动实施该行为（Fujii和Graybiel，2003；Lally等，2010）。村庄配备的分类垃圾桶有利于提醒农村居民需要进行垃圾分类。农村居民在持续进行生活垃圾分类一段时间后，无须思考便会在有分类投放垃圾桶的地方实施垃圾分类，从而养成良好的生活习惯。

2. 垃圾分类政策宣传

垃圾分类政策宣传对农村居民生活垃圾分类行为习惯的影响显著为正，表明垃圾分类政策宣传对农村居民生活垃圾分类行为习惯养成有促进作用。

3. 经济奖励

经济奖励对农村居民生活垃圾分类行为习惯有显著正向影响，表明对农村居民生活垃圾分类进行经济奖励有利于农村居民在生活中养成垃圾分类的习惯。原因可能是，当农村居民实施生活垃圾分类后获得了经济奖励时，他们会为了获得更多的经济奖励而持续进行生活垃圾分类。农村居民生活垃圾分类持续的时间越久，越有可能养成生活垃圾分类的习惯。

（二）个体因素影响分析

1. 生活垃圾分类行为频率

生活垃圾分类行为频率显著正向影响农村居民生活垃圾分类行为习惯，这表明在生活中实施垃圾分类越频繁的农村居民，养成垃圾分类行为习惯的可能性越大。原因可能是，农村居民进行生活垃圾分类越频繁，越不会过多思考就会进行生活垃圾分类，久而久之就养成了垃圾分类的习惯。

2. 新媒体使用

新媒体使用对农村居民生活垃圾分类行为习惯影响的估计系数显著为正，表明使用新媒体的农村居民，更有可能养成生活垃圾分类的习惯。原因可能是，新媒体的使用拓宽了农村居民获取垃圾分类相关信息的渠道，加深了农村居民对生活垃圾不分类带来的环境污染的了解，有利于引导农村居民尝试进行生活垃圾分类，并将垃圾分类强化为无意识的、反复实施的行为，养成生活垃圾分类的行为习惯。

3. 环境认知

环境认知会对农村居民生活垃圾分类行为习惯养成有显著正向影响，表明农村居民对农村生态环境保护的了解程度越高，其养成生活垃圾分类行为习惯的可能性越大。原因可能是，对生态环境保护了解得越清楚的农村居民，就越会关注因不进行生活垃圾分类所导致的环境污染和资源浪费，出于对自身健康和经济利益的考虑，这些农村居民越可能在日常生活中坚持进行生活垃圾分类，逐步养成垃圾分类的生活习惯。

4. 环境情感

环境情感正向影响农村居民生活垃圾分类行为习惯，表明具有环境情感的农村居民更容易养成垃圾分类的习惯。原因可能是，农村居民内心会因生活垃圾分类产生满足感和自豪感，这种满足感和自豪感作为一种内在驱动力促使农村居民重复实施生活垃圾分类行为，直到垃圾分类成为自身的日常行为习惯。

此外，收运环节信任、年收入水平和是否担任过村干部的回归系数并不显著，说明收运环节信任、年收入水平和是否担任过村干部对农村居民生活垃圾分类行为习惯养成的影响不明显，H10-8、H10-9、H10-10 不成立。

二、异质性分析

已有研究发现年龄对个体行为习惯有显著影响（Van Deursen 等，2015；褚昕宇，2021）。课题组经调研也发现，相对于年轻的农村居民，年纪大的农村居民更难养成垃圾分类的习惯。因此，有必要对农村居民按照年龄进行分组，考察年龄对农村居民生活垃圾分类行为习惯的影响的差异。参考宋成校等（2023）的做法，本书以 40 岁为界，将样本农村居民分为年轻组和年长组。根据年龄分组的估计结果如表 10-4 所示。

表 10-4　根据年龄分组的异质性检验结果

变量	年轻组	年长组
垃圾分类设施	0.256*** (3.06)	0.098* (1.66)
垃圾分类政策宣传	0.098** (2.37)	0.248*** (7.44)
经济奖励	-0.004 (-0.11)	0.080*** (2.96)
生活垃圾分类行为频率	0.928*** (12.46)	1.141*** (17.82)
新媒体使用	0.206** (2.47)	0.065 (1.25)
环境认知	0.209*** (5.54)	0.186*** (6.35)
环境情感	0.077*** (3.45)	0.001 (0.04)
收运环节信任	-0.012 (-0.19)	0.017 (0.31)
年收入水平	-0.011 (-0.47)	0.031 (1.44)
是否做过村干部	0.146 (1.38)	-0.099 (-1.36)
常数项	-0.390* (-1.77)	-1.350*** (-8.32)
样本量	326	386
调整后的 R^2	0.631	0.834
F 值	56.574	193.978

注：***、**、*分别表示在 1%、5%和 10%的水平显著；括号内为 t 值。

资料来源：笔者绘制。

从表 10-4 中可以看出，年龄对农村居民生活垃圾分类行为习惯的影响差异较大。具体如下：①经济奖励对农村居民生活垃圾分类行为习惯的影响在年轻组中并不显著，而在年长组中显著为正。经济奖励仅对年长组农村居民的生活垃圾分类行为习惯产生显著正向影响，原因可能是，年长组农村居民对于生活垃圾分类的经济收益更加敏感，更可能在货币收益、积分兑换等经济奖励的驱动下坚持进行垃圾分类，因而，更容易养成生活垃圾分类的习惯。②新媒体使用对年轻组的农村居民生活垃圾分类行为习惯有显著正向影响，但对年长组的农村居民生活垃圾分类行为习惯没有显著影响。究其原因，可能是相较于年纪大的农村居民，年轻的农村居民使用新媒体更为熟练，更可能通过互联网工具了解生活垃圾分类相关的知识和政策。这些信息有助于让农村居民认识到垃圾分类的重要性和必要性，引导农村居民在日常生活中持续进行垃圾分类。③在年轻组样本中，环境情感对农村居民生活垃圾分类行为习惯的影响显著为正，但在年长组样本中，环境情感对农村居民生活垃圾分类行为习惯的影响不显著。原因可能是，相对于年长的农村居民，年轻的农村居民更加关注国家政策，在国家大力推进宜居宜业和美乡村的背景下，他们能更深层次地认识到生活垃圾分类对于宜居宜业和美乡村建设的重要性。在国家倡导居民生活垃圾分类的情形下，年轻的农村居民对于实施垃圾分类来保护环境会有更加强烈的情感共鸣，在环境情感的驱动下他们更容易养成垃圾分类的良好习惯。

第五节　研究结论与政策建议

一、研究结论

在全球积极应对生活垃圾分类问题的背景下，本书基于国家生态文明试验区（江西）的调研数据，探讨了农村居民生活垃圾分类行为习惯的影响因素，研究发现：垃圾分类设施、垃圾分类政策宣传、经济奖励、生活垃圾分类行为频率、新媒体使用、环境认知和环境情感均对农村居民生活垃圾分类行为习惯有显著的影响；异质性分析表明，农村居民生活垃圾分类行为习惯的影响因素存在年龄差异。

二、政策建议

本章的研究结论对于制定农村居民生活垃圾分类行为习惯引导策略有以下政策启示：①政府可以在农村地区定期定点提供垃圾分类设施，为农村居民提供生活垃圾分类的便利条件，促使农村居民养成生活垃圾分类的习惯。②政府一方面要设置合理的生活垃圾分类经济奖励机制，如设立“积分制”；另一方面要激发农村居民对生活垃圾分类的环境情感，如定期组织农村居民观看与生活垃圾分类有关的公益广告或微电影，从而鼓励农村居民持续进行生活垃圾分类。③针对中青年农村居民和老年农村居民，要有差别地制定生活垃圾分类的行为习惯引导政策。例如，政府要重点针对年轻的农村居民，在抖音、微信、微博等多种新媒体平台上定期发布生活垃圾分类知识、政策及生活垃圾分类技巧等内容；而针对年龄较大的农村居民，政府要重点宣传生活垃圾分类的经济价值。同时，鼓励不同年龄段的农村居民之间积极交流，共同加深自身对生活垃圾分类的认识和理解，引导农村居民广泛养成生活垃圾分类的行为习惯。

第十一章　农村居民生活垃圾分类引导政策设计研究

一、优化农村生活垃圾分类知识宣传体系，提升生活垃圾分类宣传效果

垃圾分类知识是引导农村居民生活垃圾分类行为的重要因素，而垃圾分类知识宣传又是促使农村居民掌握垃圾分类知识的重要途径。因此，要进一步优化农村居民生活垃圾分类知识的宣传体系，建立健全与农村居民生产生活及文化背景相适应的宣传体系。为此，政府要动员社会各界力量积极参与农村居民生活垃圾分类宣传工作，以形式多样、喜闻乐见的宣传方式，推进生活垃圾分类宣传进校园、进社区，提升生活垃圾分类宣传效果。具体而言，在幼儿园，可通过课堂讲解垃圾分类政策和垃圾分类知识，课外开展“小手拉大手”倡导垃圾分类的实践活动，让垃圾分类的环保意识种进孩子们心中；与此同时，通过让小朋友发放宣传单的方式，使小朋友以小带大，将生活垃圾分类的知识带回家。在中学校园，可采用课堂讲解垃圾分类知识，课后开展垃圾分类方面的文艺活动和实践活动，引导中学生积极参与生活垃圾分类。在高等院校中，可通过开展生活垃圾分类方面的公益讲座，组织大学生定期开展倡导垃圾分类的实践活动，增强大学生的垃圾分类意识，鼓励大学生假期到农村做垃圾分类宣传志愿者，发动大学生到村庄现场讲解和发放宣传单，让更多的农村居民了解和关注生活垃圾分类。在村庄，可通过悬挂垃圾分类横幅和标语、入户发放垃圾分类宣传单和村中电子显示屏滚动播放宣传标语等方式，让农村居民了解垃圾分类政策，掌握垃圾分类知识，使生活垃圾分类的理念深入农村居民心中，促使农村居民积极参与生活垃圾分类。

二、培育农村居民生态价值规范，增强垃圾分类责任感

垃圾分类的长期成效依赖于良好生态价值观的建立，因此，需要根据农村居民的群体特点，有针对性地开展生态价值观建设。首先，要加强农村党员、乡贤和村干部的生态文明教育，增强他们的环保意识，鼓励他们率先践行生活垃圾分类。其次，要重点做好农村老年群体的生态价值观建设。通过在村庄开展免费健康体检、爱心理发和磨刀修伞等活动，一方面向老年人宣传农村生活垃圾如果得不到及时有效的处理，会造成资源浪费、土壤污染和空气污染等问题，不仅影响卫生环境，而且会危害人体健康；另一方面向老人们普及垃圾分类知识，讲解垃圾分类标准，引导老年人树立环保健康的生活理念。最后，要充分发挥农村党员、村干部的模范带头作用。一方面要鼓励党员和村干部主动参与村庄生活垃圾分类入户宣传与引导工作；另一方面要引导党员和村干部在生活中积极主动进行生活垃圾分类，通过他们带动身边的邻居、亲人和朋友一起践行垃圾分类。

三、关注农村居民生活垃圾分类诉求，提供有针对性的便利条件

不同垃圾分类场域与垃圾属类，其最佳的垃圾分类便利措施存在较大的差别，因此，应结合农村垃圾分类场域与垃圾属类，因地制宜地为农村居民生活垃圾分类提供便利条件。农村生活垃圾具有垃圾面积广、产生源分散、人均生活垃圾产量偏低、垃圾收运难度大等问题。具体来说，在经济条件较好、居住人口多的村庄，可通过为每户家庭发放一套小型分类垃圾桶，包括可回收物、厨余垃圾、有害垃圾和其他垃圾的分类容器，为农村居民在家中进行垃圾分类提供条件。与此同时，在村庄还要配备颜色醒目且图标清晰的垃圾分类投放桶，并安排生活垃圾分类转运车，定期转运分类投放的生活垃圾。在农村居民居住分散、交通不便的偏远村庄，要在农村小卖部或便利店等设立便民回收点，收集有害垃圾，为农村居民投放有害垃圾提供条件；传授一些厨余垃圾沤肥的知识和技能，引导农村居民对厨余垃圾进行沤肥处理；对于可回收垃圾，引导农村居民存放在家，集中出售给下乡收购可回收物品商贩。

四、提高农村居民生活垃圾分类技能，保障垃圾分类精准投放

垃圾分类技能是提高垃圾分类效果的关键，因此，应针对不同类型的垃圾，制定切实可行的分类指导措施。首先，要根据农村居民的生活习惯和垃圾特点，

制定简明易行的分类标准。要通过设计易于理解记忆的标识和口号，使用图片和简短的文字说明垃圾分类的方法，提高农村居民区别有害垃圾与其他垃圾的能力。其次，采用多种形式帮助农村居民掌握垃圾分类方法。具体来说，在居民环保意识较强且居住集中的农村地区，一方面，通过组织志愿者进行现场演示和手把手指导的方式，让农村居民掌握一些基本的垃圾分类知识和技能；另一方面，通过成立村民互助小组，重点做好受教育程度低、年纪大的农村居民生活垃圾分类知识的帮教工作。在农村居民环保意识弱或居住分散的地区，一方面，要组织村干部和垃圾分类督导员逐户上门发放垃圾分类指导手册；另一方面，要动员村里的党员、村干部和垃圾分类志愿者等，通过微信群、会议和现场讲解等方法，向农村居民宣传生活垃圾分类知识，提高他们的垃圾分类准确率。

五、提高农村居民的数字信息素养，改善数字经济背景下垃圾分类参与体验

数字信息素养是数字经济背景下农户参与垃圾分类的关键要素，农村居民数字信息素养的培育有利于强化其参与动力，刺激其参与行动。因此，政府应推动信息技术进村入户，加强对农村居民的数字化教育，保障农村居民能够借助数字工具多途径、多方式地参与垃圾分类，丰富农村居民参与垃圾分类的体验。首先，要考虑农村居民普遍受教育程度不高的特点，在数字平台的建设过程中需重点考虑平台使用的易懂性和适用性，适当简化数字平台使用流程，降低操作难度，降低农村居民参与数字素养培训的技术门槛。其次，根据农村居民数字工具的使用需求，在线上或线下举办农村数字素养、数字技能培训班，提升农村居民数字工具的认知水平。针对数字乡村用户中的“弱势群体”，要充分利用本地资源，如乡村教师、青少年学生和志愿者等，集中培训这些“数字弱势群体”，在培训过程中要注重实践操作，帮助他们快速上手，辅导他们掌握日常使用 APP 进行社交和查询信息等技能；针对有创作潜力的农村居民，要为他们提供数字创作相关的技术支持，包括使用手机拍摄、图像处理软件和视频剪辑工具等方面的培训和指导，引导和鼓励他们制作有关垃圾分类的短视频、图片及文字内容等。

六、利用新媒体的信息传播优势，凝聚垃圾分类社会共识

新媒体平台是农村生活垃圾分类宣传的一个重要渠道。新媒体具备沟通、交流和传播的多重功能，因此可充分发挥新媒体在宣传社交方面的优势，逐渐形成

崇尚垃圾分类的社会共识。首先，要借助新媒体向农村居民宣传垃圾分类信息。农村垃圾分类宣传部门要建立生活垃圾分类方面的微信群和公众号，为农村居民进行一对多的沟通提供条件。引导农村居民加入一些有关垃圾分类的微信群，关注生活垃圾分类方面的公众号，使他们能够随时获取最新的垃圾分类指南、活动信息和实时通知。其次，要发挥新媒体的互动功能，促进居民之间以及居民与宣传者之间的交流和互动。要鼓励垃圾分类方面的专业人士或志愿者通过微信群与农村居民进行互动，及时解答农村居民在垃圾分类过程中遇到的各种问题，提升农村居民生活垃圾分类的参与感和学习效果。此外，政府还要通过创建一个专门的数字社区平台，鼓励农村居民在平台上分享自己在垃圾分类方面的经验和心得，营造互动的社区氛围，使农村居民能够通过交流平台沟通交流垃圾分类相关信息。再次，要使用新媒体扩大和加深生活垃圾分类宣传的影响范围和深度。官方或民间要运用抖音和快手等平台，通过小视频、微信公众号文章和图片等形式，以生动的方式向农村居民展示正确的垃圾分类方法和宣传垃圾分类知识，利用新媒体的分享功能宣传垃圾分类信息。最后，要将新媒体与传统媒体（如广播、电视和报纸等）进行有机结合，通过多渠道传播农村生活垃圾分类的政策和知识，扩大垃圾分类宣传效果，从而形成垃圾分类的社会共识。

七、催生农业生产实践绿色溢出，激发垃圾分类内生动力

在农村垃圾分类推广过程中，需要借助农村居民先前农业绿色生产对其后续生活垃圾分类的促进作用，激发农村居民主动进行生活垃圾分类。首先，要通过各种激励措施引导农村居民进行农业绿色生产，通过宣传橱窗、微信群和宣传单等手段宣传实施农业绿色生产的农村居民在保护环境中所做的贡献，强化农村居民的环保意识。其次，重点向那些已经实施农业绿色生产的农村居民宣传垃圾分类知识，通过讲解、视频播放和图片等形式，让这些农村居民认识到生活垃圾分类对于环境保护的重要性，促使农村居民意识到生活垃圾分类与农业绿色生产一样都有助于保护生态环境，从而激发农村居民实施生活垃圾分类的内生动力，推动农村居民积极参与生活垃圾分类。最后，要将农业绿色生产、农村生活垃圾分类与生态文明户创建活动有机结合起来，把农业绿色生产和生活垃圾分类作为评选星级农户的重要标准，激励农村居民自觉实施生活垃圾分类。

八、健全农村居民基层自治制度，实现农村生活垃圾分类共建共享

做好农村生活垃圾分类需要全体村民共同参与，而推进生活垃圾分类的成果也惠及全体村民。为了打造共建、共治、共享农村生活垃圾分类治理新格局，需要强化议事协商工作，激发农村居民自治活力，发动农村居民积极参与垃圾分类。具体来说，在农村居民环保意识强的村庄，村干部要通过建设农村生活垃圾分类处理示范村，引导农村居民主动参与垃圾分类。首先，在筹建农村生活垃圾分类管理委员会设立时，要选取热衷环保公益的村民代表参与，将生活垃圾分类纳入村规民约，统筹村庄生活垃圾分类管理方案的制定、宣传教育和监督执行等工作。其次，在进行生活垃圾分类宣传教育时，要从党员、垃圾分类志愿者、垃圾分类达人中挑选出服务群众热情高、组织协调能力强的农村居民宣传垃圾分类，激发农村居民的自治共治的活力。在垃圾分类监督考核方面，要鼓励村民自发地成立保洁理事会、环境卫生理事会等组织，借助“红黑榜”考评和定期检查等制度，对垃圾分类表现好的农村居民给予表扬和奖励，对不进行垃圾分类的农村居民进行批评教育与处罚。在环保意识较弱的村庄，首先，政府要鼓励和引导村干部和有影响力的村民率先进行垃圾分类，培育、选取、树立一些垃圾分类示范户，充分发挥这些示范户的引领作用，引导其他的农村居民参加生活垃圾分类。其次，通过村内广播、张贴海报、发放宣传手册、现场演示以及参观学习等方式，将这些生活垃圾分类示范户的成功经验推广到全村。最后，要分阶段逐步推进农村生活垃圾分类工作，引导农村居民从进行简单的可回收物与不可回收物垃圾分类开始，逐步细化到更详细的分类标准，循序渐进地巩固生活垃圾分类的群众基础，逐步实现农村生活垃圾分类的共建共享。

九、优化农村生活垃圾分类数字反馈机制，推动农村生活垃圾分类监管治理

农村居民积极参与农村生活垃圾分类的监管和治理，是推进农村生活垃圾分类工作的一个重要途径。因此，需要建立便捷的农村生活垃圾分类意见反馈机制。首先，建立和完善农村生活垃圾分类数字反馈平台。农村生活垃圾分类数字反馈平台要有网页、公众号、应用和投诉热线等多种形式，反馈内容要包含生活垃圾分类指导、垃圾分类设施维护、垃圾分类违规行为等不同板块，以方便农村

居民反馈垃圾分类中存在的问题和投诉举报违反生活垃圾分类管理规定的行为。其次，宣传农村生活垃圾分类数字反馈平台。政府一方面要采用海报、发放宣传手册和村委会通告等方式，向农村居民宣传农村生活垃圾分类反馈平台；另一方面要借助村民会议、文化活动等机会，告知农村居民可以通过平台曝光村庄环境卫生死角、脏乱差及不文明现象等。同时，采用线上教学、案例讲解和现场示范等方式，让农村居民掌握垃圾分类数字反馈平台的使用方法。不仅如此，还要持续改进农村居民数字反馈平台的使用体验。政府要针对农村生活垃圾分类反馈平台的使用情况，采用电话或上门回访的方式，了解农村居民在使用数字反馈平台时遇到的困难，为农村居民提供相应的技术支持，持续改进数字反馈平台的功能，提高农村居民的使用体验感。最后，要及时回应和解决农村居民反映的垃圾分类问题。政府要建立农村生活垃圾投诉跟踪机制，及时跟进投诉问题的处理情况，及时向农村居民公布处理结果，从而激励农村居民加强参与农村生活垃圾分类监管治理，提升农村居民参与垃圾分类监管治理工作的满意度。

十、因地制宜地选择政策组合，深入推进农村生活垃圾分类工作

根据不同地区农村居民的人口密度、环保意识和垃圾分类设施完备程度等实际情况，因地制宜地选择政策组合。垃圾分类涉及多个部门和环节，需要政府在政策层面进行统筹协调，尤其是负责农业绿色生产部门和农村生活垃圾分类的部门形成协同联动机制，在生态文明建设方面避免同质化的重复性工作。首先，要制定科学、合理的垃圾分类政策和标准，明确各部门的职责和分工，确保垃圾分类政策执行具有一致性和连贯性。其次，要加强农村垃圾分类的财政支持，加大对农村垃圾分类设施建设、宣传教育和监督管理的投入，持续推进垃圾分类工作。最后，要建立农村生活垃圾分类监督考核机制，对各地农村生活垃圾分类工作的进展和实施效果进行评估，及时发现和解决农村生活垃圾分类存在的问题，总结推广成功经验，确保垃圾分类工作不断深入推进。

参考文献

[1] Aarts H, Paulussen T, Schaalma H. Physical exercise habit: On the conceptualization and formation of habitual health behaviors [J]. Health Education Research, 1997, 12 (3): 363-374.

[2] Aker J C. Dial "A" for agriculture: A review of information and communication technologies for agricultural extension in developing countries [J]. Agricultural Economics, 2011, 42 (6): 631-647.

[3] Alhassan H, Kwakwa P A, Owusu-Sekyere E. Households' source separation behaviour and solid waste disposal options in Ghana's Millennium City [J]. Journal of Environmental Management, 2020, 259: 110055.

[4] Althoff T, Sosič R, Hicks J L, et al. Large-scale physical activity data reveal worldwide activity inequality [J]. Nature, 2017, 547 (7663): 336-339.

[5] Babaei A, Alavi N, Goudarzi G, et al. Household recycling knowledge, attitudes and practices towards solid waste management [J]. Resources, Conservation and Recycling, 2015, 102: 94-100.

[6] Bach H, Mild A, Natter M, et al. Combining socio-demographic andlogistic factors to explain the generation and collection of waste paper [J]. Resources, Conservation and Recycling, 2004, 41 (1): 65-73.

[7] Bandura A. Human agency in social cognitive theory [J]. American psychologist, 1989, 44 (9): 1175.

[8] Bandura A. Self-efficacy: Toward a unifying theory of behavioral change [J]. Psychological Review, 1977, 84.

[9] Bandura A. The explanatory and predictive scope of self-efficacy theory [J].

Journal of Social and Clinical Psychology, 1986, 4 (3): 359-373.

[10] Bandura A. The self system in reciprocal determinism [J]. American Psychologist, 1978, 33 (4): 344.

[11] Barr S. Strategies for sustainability: Citizens and responsible environmental behaviour [J]. Area, 2003, 35 (3): 227-240.

[12] Batson C D, Thompson E R, Chen H. Moral hypocrisy: Addressing some alternatives [J]. Journal of Personality and Social Psychology, 2002, 83 (2): 330.

[13] Boonrod K, Towprayoon S, Bonnet S, et al. Enhancing organic waste separation at the source behavior: A case study of the application of motivation mechanisms in communities in Thailand [J]. Resources, Conservation and Recycling, 2015, 95: 77-90.

[14] Bratt C. The impact of norms and assumed consequences on recycling behavior [J]. Environment and Behavior, 1999, 31 (5): 630-656.

[15] Brooks T L, Leventhal H, Wolf M S, et al. Strategies used by older adults with asthma for adherence to inhaled corticosteroids [J]. Journal of General Internal Medicine, 2014, 29: 1506-1512.

[16] Buckley K E, Anderson C A. A theoretical model of the effects and consequences of playing video games [C] //Vorderer P, Bryant J. (Eds.), Playing Video Games: Motives, Responses, and Consequences. Mahwah NJ: Lawrence Erlbaum Associates Publishers, 2006: 363-378.

[17] Callan S J, Thomas J M. The impact of state and local policies on the recycling effort [J]. East Economic Journal, 1997, 23 (4): 411-23.

[18] Cao Y, Heng X, Zhang X, et al. Influence of social capital on rural household garbage sorting and recycling behavior: The moderating effect of class identity [J]. Waste Management, 2023, 158: 84-92.

[19] Carrus G, Passafaro P, Bonnes M. Emotions, habits and rational choices in ecological behaviours: The case of recycling and use of public transportation [J]. Journal of Environmental Psychology, 2008, 28 (1): 51-62.

[20] Chen F, Chen H, Guo D, et al. Analysis of undesired environmental behavior among Chinese undergraduates [J]. Journal of Cleaner Production, 2017, 162: 1239-1251.

[21] Chen F, Chen H, Wu M, et al. Research on the driving mechanism of waste separation behavior: Based on qualitative analysis of Chinese urban residents [J]. International Journal of Environmental Research and Public Health, 2019, 16 (10): 1859.

[22] Chu P-Y, Chiu J-F. Factors influencing household waste recycling behavior: Test of an integrated model [J]. Journal of Applied Social Psychology, 2003, 33 (3): 604-626.

[23] Chung S S, Poon C S. A comparison of waste-reduction practices and new environmental paradigm of rural and urban Chinese citizens [J]. Journal of Environmental Management, 2001, 62 (1): 3-19.

[24] Cialdini R B, Reno R R, Kallgren C A. A focus theory of normative conduct: Recycling the concept of norms to reduce littering in public places [J]. Journal of Personality and Social Psychology, 1990, 58 (6): 1015-1026.

[25] Collins C M, Steg L, Koning M A S. Customers' values, beliefs on sustainable corporate performance, and buying behavior [J]. Psychology & Marketing, 2007, 24 (6): 555-577.

[26] de Groot J I M, Steg L, Keizer M, et al. Environmental values in post-socialist Hungary: Is it useful to distinguish egoistic, altruistic and biospheric values? [J]. Czech Sociological Review, 2012, 48 (3): 421-440.

[27] Deng J, Xu W-Y, Zhou C-B. Investigation of waste classification and collection actual effect and the study of long acting management in the community of Beijing [J]. Environment Science, 2013, 34 (1): 395-400.

[28] Deniz N, Noyan A, Ertosun Ö G. The relationship between employee silence and organizational commitment in a private healthcare company [J]. Procedia-Social and Behavioral Sciences, 2013, 99: 691-700.

[29] Derksen L, Gartrell J. The social context of recycling [J]. American Sociological Review, 1993, 58 (3): 434-442.

[30] Ding H. What kinds of countries have better innovation performance? —A country-level fsQCA and NCA study [J]. Journal of Innovation & Knowledge, 2022, 7 (4): 100215.

[31] Ding M-X. Influence of new media technology on the reading habits of con-

temporary college students [J]. Journal of Physics: Conference Series, 2020, 1533: 042087.

[32] Dirks K T, Ferrin D L. The role of trust in organizational settings [J]. Organization Science, 2001, 12 (4): 450-467.

[33] do Valle P O, Reis E, Menezes J, et al. Behavioral determinants of household recycling participation: The portuguese case [J]. Environment and Behavior, 2004, 36 (4): 505-540.

[34] Dolan P, Galizzi M M. Like ripples on a pond: Behavioral spillovers and their implications for research and policy [J]. Journal of Economic Psychology, 2015, 47: 1-16.

[35] Domina T, Koch K. Convenience and frequency of recycling and waste, implication for including textiles in curbside recycling programs [J]. Environment and Behavior, 2002, 34 (2), 216-238.

[36] Fan B, Yang W-T, Shen X-C. A comparison study of "motivation-intention-behavior" model on household solid waste sorting in China and Singapore [J]. Journal of Cleaner Production, 2019, 211: 442-454.

[37] Festinger, L. A Theory of Cognitive Dissonance [M]. Redwood City: Stanford University Press, 1957.

[38] Fujii N, Graybiel A M. Representation of action sequence boundaries by macaque prefrontal cortical neurons [J]. Science (New York), 2003, 301 (5637): 1246-1249.

[39] Gamba R J, Oskamp S. Factors influencing community residents' participation in commingled curbside recycling programs [J]. Environment and Behavior, 1994, 26 (5): 587-612.

[40] Glomb T M, Liao H. Interpersonal aggression in work groups: Social influence, reciprocal, and individual effects [J]. Academy of Management Journal, 2003, 46 (4): 486-496.

[41] Gollwitzer P M, Bargh J A. The Psychology of Action: Linking Cognition and Motivation to Behavior [M]. Guilford Press, 1996.

[42] Gong X-M, Zhang J-P, Zhang H-R, et al. Internet use encourages pro-environmental behavior: Evidence from China [J]. Journal of Cleaner Production,

2020, 256: 120725.

[43] Grazhdani D. Assessing the variables affecting on the rate of solid waste generation and recycling: An empirical analysis in Prespa Park [J]. Waste Management, 2016, 48: 3-13.

[44] Grzymislawska M, Puch E A, Zawada A, et al. Do nutritional behaviors depend on biological sex and cultural gender? [J]. Advances in Clinical & Experimental Medicine, 2020, 29 (1): 165-172.

[45] Gu B-X, Wang H-K, Chen Z, et al. Characterization, quantification and management of household solid waste: A case study in China [J]. Resources, Conservation and Recycling, 2015, 98: 67-75.

[46] Guagnano G A, Stern P C, Dietz T. Influences on attitude-behavior relationships: A natural experiment with curbside recycling [J]. Environment and Behavior, 1995, 27 (5): 699-718.

[47] Han H. Travelers' pro-environmental behavior in a green lodging context: Converging value-belief-norm theory and the theory of planned behavior [J]. Tourism Management, 2015, 47: 164-177.

[48] Han Z-Y, Zeng D, Li Q-B, et al. Public willingness to pay and participate in domestic waste management in rural areas of China [J]. Resources, Conservation and Recycling, 2019, 140: 166-174.

[49] Heckler S E, Childers T L, Arunachalam R. Intergenerational influences in adult buying behaviors: An examination of moderating factors [J]. Advances in Consumer Research, 1989, 16: 276-284.

[50] Hines J M, Hungerford H R, Tomera A N. Analysis and synthesis of research on responsible environmental behavior: A meta-analysis [J]. The Journal of Environmental Education, 1987, 18 (2): 1-8.

[51] Holland J H. Complexity: A Very Short Introduction [M]. OUP Oxford, 2014.

[52] Hopper J R, Nielsen J M C. Recycling as altruistic behavior: Normative and behavioral strategies to expand participation in a community recycling program [J]. Environment and Behavior, 1991, 23 (2): 195-220.

[53] Hsiao C H, Chang J J, Tang K Y. Exploring the influential factors in con-

tinuance usage of mobile social Apps: Satisfaction, habit, and customer value perspectives [J]. Telematics and Informatics, 2016, 33 (2): 342-355.

[54] Iyer E S, Kashyap R K. Consumer recycling: Role of incentives, information, and social class [J]. Journal of Consumer Behaviour, 2007, 6 (1): 32-47.

[55] Jank A, Müller W, Schneider I, et al. Waste Separation Press (WSP): A mechanical pretreatment option for organic waste from source separation [J]. Waste Management, 2015, 39: 71-77.

[56] Johnson R R, Martinez S A, Palmer K, et al. The determinants of household recycling: A material-specific analysis of recycling program features and unit pricing [J]. Journal of Environmental Economics and Management, 2003, 45 (2): 294-318.

[57] Kiatkawsin K, Han H. Young travelers' intention to behave pro-environmentally: Merging the value-belief-norm theory and the expectancy theory [J]. Tourism Management, 2017, 59: 76-88.

[58] Kinnaman T C. Why do municipalities recycle? [J]. The B. E. Journal of Economic Analysis and Policy, 2005, 5 (1): 1294.

[59] Kirakozian A. The determinants of household recycling: Social influence, public policies and environmental preferences [J]. Applied Economics, 2016, 48 (16): 1481-1503.

[60] Lakhan C. Exploring the relationship between municipal promotion and education investments and recycling rate performance in Ontario, Canada [J]. Resources, Conservation and Recycling, 2014, 92: 222-229.

[61] Lally P, Gardner B. Promoting habit formation [J]. Health Psychology Review, 2013, 7 (1): S137-S158.

[62] Lally P, Van Jaarsveld C H M, Potts H W W, et al. How are habits formed: Modelling habit formation in the real world [J]. European Journal of Social Psychology, 2010, 40 (6): 998-1009.

[63] Lankton N K, Wilson E V, Mao E. Antecedents and determinants of information technology habit [J]. Information & Management, 2010, 47 (5-6): 300-307.

[64] Lansana F M. Distinguishing potential recyclers from nonrecyclers: A basis for developing recycling strategies [J]. The Journal of Environmental Education, 1992,

23 (2): 16-23.

[65] Lee K. The role of media exposure, social exposure and biospheric value orientation in the environmental attitude-intention-behavior model in adolescents [J]. Journal of Environmental Psychology, 2011, 31 (4): 301-308.

[66] Limayem M, Hirt S G, Cheung C M K. How habit limits the predictive power of intention: The case of information systems continuance [J]. MIS quarterly, 2007, 31 (4): 705-737.

[67] Lindenberg S, Steg L. Normative, gain and hedonic goal frames guiding environmental behavior [J]. Journal of Social Issues, 2007, 63 (1): 117-137.

[68] Lindenberg S. Social Rationality Versus Rational Egoism [C] . Handbook of Sociological Theory. Springer Inc. 2001: 635-668.

[69] Liu P, Han C-F, Teng M-M. The influence of Internet use on pro-environmental behaviors: An integrated theoretical framework [J]. Resources, Conservation and Recycling, 2021, 164: 105-162.

[70] Liu X, Wang Z, Li W, et al. Mechanisms of public education influencing waste classification willingness of urban residents [J]. Resources, Conservation and Recycling, 2019, 149: 381-390.

[71] Lu S-M, Li Z. The analysis of construction about retrieving system of the waste appliances [J]. China Resources Comprehensive Utilization, 2009 (6): 6-8.

[72] Marquis C, Qiao K. Waking from Mao's dream: Communist ideological imprinting and the internationalization of entrepreneurial ventures in China [J]. Administrative Science Quarterly, 2020, 65 (3): 795-830.

[73] Martin M, Williams I D, Clark M. Social, cultural and structural influences on household waste recycling: A case study [J]. Resources, Conservation and Recycling, 2006, 48 (4): 357-395.

[74] McCombs M E, Shaw D L. The agenda-setting function of mass media [J]. Public Opinion Quarterly, 1972, 36 (2): 176-187.

[75] McMillan E E, Wright T, Beazley K. Impact of a university-level environmental studies class on students' values [J]. The Journal of Environmental Education, 2004, 35 (3): 19-27.

[76] Mehrabian A, Russell J A. An Approach to Environmental Psychology

[M]. Cambridge: The MIT Press, 1974.

[77] Meng X-Y, Tan X-C, Wang Y, et al. Investigation on decision-making mechanism of residents' household solid waste classification and recycling behaviors [J]. Resources, Conservation and Recycling, 2019, 140: 224-234.

[78] Merritt A C, Effron D A, Monin B. Moral self-licensing: When being good frees us to be bad [J]. Social and Personality Psychology Compass, 2010, 4 (5): 344-357.

[79] Milanov H, Fernhaber S A. The impact of early imprinting on the evolution of new venture networks [J]. Journal of Business Venturing, 2009, 24 (1): 46-61.

[80] Monin B, Miller D T. Moral credentials and the expression of prejudice [J]. Journal of Personality and Social Psychology, 2001, 81 (1): 33.

[81] Mousavi S A, Khashij M, Salmani M. Knowledge, attitude and practices concerning municipal solid waste recycling among the people in Gilangharb, Iran [J]. International Research Journal of Applied and Basic Sciences, 2016, 10 (2): 135-140.

[82] Nguyen T T P, Zhu D, Le N P. Factors influencing waste separation intention of residential households in a developing country: Evidence from Hanoi, Vietnam [J]. Habitat International, 2015, 48: 69-176.

[83] Oskamp S, Harrington M J, Edwards T C, et al. Factors influencing household recycling behavior [J]. Environment and Behavior, 1991, 23 (4): 494-519.

[84] Padilla J A, Trujillo J C. Waste disposal and households' heterogeneity. Identifying factors shaping attitudes towards source-separated recycling in Bogotá, Colombia [J]. Waste Management, 2018, 74: 16-33.

[85] Pakpour A H, Hidarnia A, Hajizadeh E, et al. Action and coping planning with regard to dental brushing among Iranian adolescents [J]. Psychology, Health & Medicine, 2012, 17 (2): 176-187.

[86] Peng H, Shen N, Ying H-Q, et al. Factor analysis and policy simulation of domestic waste classification behavior based on a multiagent study-Taking Shanghai's garbage classification as an example [J]. Environmental Impact Assessment Review, 2021, 89: 106598.

[87] Perlaviciute G, Steg L. The influence of values on evaluations of energy alternatives [J]. Renewable Energy, 2015, 77: 259-267.

[88] Pieper T M, Smith A D, Kudlats J, et al. The persistence of multifamily firms: Founder imprinting, simple rules, and monitoring processes [J]. Entrepreneurship Theory and Practice, 2015, 39 (6): 1313-1337.

[89] Putnam R. Making Democracy Work: Civic Traditions in Modern Italy [M]. Princeton, N. J: Princeton University Press, 1993: 35-42.

[90] Razhdani D. Assessing the variables affecting on the rate of solid waste generation and recycling: An empirical analysis in Prespa Park [J]. Waste Management, 2016, 48 (2): 3-13.

[91] Saba A, Vassallo M, Turrini A. The role of attitudes, intentions and habit in predicting actual consumption of fat containing foods in Italy [J]. European Journal of Clinical Nutrition, 2000, 54 (7): 540-545.

[92] Sanchez M, Lopezmosquer A N, Leralopez F. Improving pro-Environmental behaviours in Spain. The role of attitudes and socio-demographic and political factors [J]. Journal of Environmental Policy & Planning, 2016, 18 (1): 47-66.

[93] Savari M, Khaleghi B. The role of social capital in forest conservation: An approach to deal with deforestation [J]. Science of The Total Environment, 2023, 896: 165216.

[94] Schultz P W. Changing behavior with normative feedback interventions: A field experiment on curbside recycling [J]. Basic and Applied Social Psychology, 1999, 21 (1): 25-36.

[95] Schultz P W, Oskamp S, Mainieri T. Who recycles and when? A review of personal and situational factors [J]. Journal of Environmental Psychology, 1995, 15 (2): 105-121.

[96] Schwartz S H. Are there universal aspects in the structure and contents of human values? [J]. Journal of Social Issues, 1994, 50 (4): 19-45.

[97] Schwartz S H. Normative influences on altruism [J]. Advances in Experimental Social Psychology, 1977, 10: 221-279.

[98] Seo D B, Ray S. Habit and addiction in the use of social networking sites: Their nature, antecedents, and consequences [J]. Computers in Human Behavior, 2019, 99: 109-125.

[99] Shao J, Ünal E. What do consumers value more in green purchasing? As-

sessing the sustainability practices from demand side of business [J]. Journal of Cleaner Production, 2019, 209: 1473-1483.

[100] Sharma G, Sinha B. Future emissions of greenhouse gases, particulate matter and volatile organic compounds from municipal solid waste burning in India [J]. Science of The Total Environment, 2023, 858: 159708.

[101] Shaw P J. Nearest neighbour effects in kerbside household waste recycling [J]. Resources, Conservation and Recycling, 2008, 52 (5): 775-784.

[102] Shen L-X, Hsee C K, Talloen J H, et al. The fun and function of uncertainty: Uncertain incentives reinforce repetition decisions [J]. Journal of Consumer Research, 2019, 46 (1): 69-81.

[103] Sidique S F, Lupi F, Joshi S V. The effects of behavior and attitudes on drop-off recycling activities [J]. Resources, Conservation and Recycling, 2010, 54 (3): 163-170.

[104] Simmons D, Widmar R. Motivations and barriers to recycling: Toward a strategy for public education [J]. The Journal of Environmental Education, 1990, 22 (1): 13-18.

[105] Simsek Z, Fox B C, Heavey C. "What's past is prologue" —A framework, review, and future directions for organizational research on imprinting [J]. Journal of Management, 2015, 41 (1): 288-317.

[106] Smith K S, Graybiel A M. Habit formation [J]. Dialogues in Clinical Neuroscience, 2016, 18 (1): 33-43.

[107] Starr J, Nicolson C. Patterns in trash: Factors driving municipal recycling in Massachusetts [J]. Resources, Conservation and Recycling, 2015, 99: 7-18.

[108] Steg L, Vlek C. Encouraging pro-environmental behaviour: An integrative review and researc agenda [J]. Journal Environment Psychology, 2009, 29 (3): 309-317.

[109] Stern P C. New environmental theories: Toward a coherent theory of environmentally significant behavior [J]. Journal of Social Issues, 2000, 56 (3): 407-424.

[110] Susewind M, Hoelzl E. A matter of perspective: Why past moral behavior can sometimes encourage and other times discourage future moral striving [J]. Journal of Applied Social Psychology, 2014, 44 (3): 201-209.

[111] Sylvaine B. Issues and Results of Community Participation in Urban Environment: Comparative Analysis of Nine Projects on Waste Management (UWEP Working Document 11) [M]. ENDA/WASTE, 1999.

[112] Tadesse T, Ruijs A, Hagos F. Household waste disposal in Mekelle City, Northern Ethiopia [J]. Waste Management, 2008, 28 (10): 2003-2012.

[113] Tan Q-Y, Duan H-B, Liu L-L, et al. Rethinking residential consumers' behavior in discarding obsolete mobile phones in China [J]. Journal of Cleaner Production, 2018, 195: 1228-1236.

[114] Tappe K, Tarves E, Oltarzewski J, et al. Habit formation among regular exercisers at fitness centers: An exploratory study [J]. Journal of Physical Activity and Health, 2013, 10 (4): 607-613.

[115] Taylor D C. Policy incentives to minimize generation of municipal solid waste [J]. Waste Management and Research, 2000, 18 (5), 406-419.

[116] Tonglet M, Phillips P S, Bates M P. Determining the drivers for householder pro-environmental behaviour: Waste minimisation compared to recycling [J]. Resources, Conservation and Recycling, 2004, 42 (1): 27-48.

[117] Triandis H C. Values, attitudes, and interpersonal behavior [J]. Nebraska Symposium on Motivation, 1979, 27: 195-259.

[118] Truelove H B, Carrico A R, Weber E U, et al. Positive and negative spillover of pro-environmental behavior: An integrative review and theoretical framework [J]. Global Environmental Change, 2014, 29: 127-138.

[119] van der Werff E, Lee C Y. Feedback to minimize household waste a field experiment in The Netherlands [J]. Sustainability, 2021, 13 (17): 1-21.

[120] van Deursen A J A M, Bolle C L, Hegner S M, et al. Modeling habitual and addictive smartphone behavior: The role of smartphone usage types, emotional intelligence, social stress, self-regulation, age, and gender [J]. Computers in Human Behavior, 2015, 45: 411-420.

[121] Varela-Centelles P, Bugarín-González R, Blanco-Hortas A, et al. Oral hygiene habits. Results of a population-based study [J]. Anales del Sistema Sanitario de Navarra, 2020, 43 (2): 217-223.

[122] Vassanadumrongdee S, Kittipongvises S. Factors influencing source separa-

tion intention and willingness to pay for improving waste management in Bangkok, Thailand [J]. Sustainable Environment Research, 2018, 28 (2): 90-99.

[123] Verplanken B, Orbell S. Reflections on past behavior: A self-report index of habit strength [J]. Journal of Applied Social Psychology, 2003, 33 (6): 1313-1330.

[124] Verplanken B, Wood W. Interventions to break and create consumer habits [J]. Journal of Public Policy & Marketing, 2006, 25 (1): 90-103.

[125] Vicente P, Reis E. Factors influencing households' participation in recycling [J]. Waste Management and Research, 2008, 26 (2): 140-146.

[126] Vining J, Ebreo A. What makes a recycler? A comparison of recyclers and nonrecyclers [J]. Environment and Behavior, 1990, 22 (1): 55-73.

[127] Vishwanath A. Habitual Facebook use and its impact on getting deceived on social media [J]. Journal of Computer-Mediated Communication, 2015, 20 (1): 83-98.

[128] Wan C, Shen G Q, Yu A. Key determinants of willingness to support policy measures on recycling: A case study in Hong Kong [J]. Environmental Science & Policy, 2015, 54: 409-418.

[129] Wan C, Shen G Q. Perceived policy effectiveness and recycling behaviour: The missing link [J]. Waste Management, 2013, 33 (4): 783-784.

[130] Wang S-Y, Wang J-P, Zhao S-L, et al. Information publicity and resident's waste separation behavior: An empirical study based on the norm activation model [J]. Waste Management, 2019, 87: 33-42.

[131] Watson J B. Psychology: From the Standpoint of a Behaviorist [M]. JB Lippincott, 1919.

[132] Wohn D Y, Ahmadi M. Motivations and habits of micro-news consumption on mobile social media [J]. Telematics and Informatics, 2019, 44: 101262.

[133] Wood W, Neal D T. A new look at habits and the habit-goal interface [J]. Psychological Review, 2007, 114 (4): 843-863.

[134] Wood W, Neal D T. Healthy through habit: Interventions for initiating & maintaining health behavior change [J]. Behavioral Science & Policy, 2016, 2 (1): 71-83.

[135] Xu L, Ling M, Lu Y, et al. External influences on forming residents' waste separation behaviour: Evidence from households in Hangzhou, China [J]. Habitat International, 2017, 63: 21-33.

[136] Yan, H. Mandatory Classification May be the Opportunity for Changes [N/OL]. 2016-09-21. China Environment News. 2018. http://news.cenews.com.cn/html/2016-09/21/content_50274.htm.

[137] Yang S, Wang B, Lu Y. Exploring the dual outcomes of mobile social networking service enjoyment: The roles of social self-efficacy and habit [J]. Computers in Human Behavior, 2016, 64: 486-496.

[138] Yin J, Shi S. Social interaction and the formation of residents' low-carbon consumption behaviors: An embeddedness perspective [J]. Resources, Conservation and Recycling, 2021, 164: 105116.

[139] Young R D. Recycling as appropriate behavior: A review of survey data from selected recycling education programs in Michigan [J]. Resources, Conservation & Recycling, 1990, 3 (4): 253-266.

[140] Yue T, Zhang L, Long R, et al. Will Low-Carbon Purchasing Behavior Make Residents' Behaviors Greener? Research Based on Spillover Effects [J]. Frontiers in Environmental Science, 2021, 9: 783486.

[141] Zaveie B, Navimipour N J. The impact of electronic environmental knowledge on the environmental behaviors of people [J]. Computers in Human Behavior, 2016, 59: 1-8.

[142] Zhang H, Liu J, Wen Z G, et al. College students' municipal solid waste source separation behavior and its influential factors: A case study in Beijing, China [J]. Journal of Cleaner Production, 2017, 164: 444-454.

[143] Zhang L, Li X, Yu J, et al. Toward cleaner production: What drives farmers to adopt eco-friendly agricultural production? [J]. Journal of Cleaner Production, 2018, 184: 550-558.

[144] Zhao Q-Q, Pan Y-H, Xia X-L. Internet can do help in the reduction of pesticide use by farmers: Evidence from rural China [J]. Environmental Science and Pollution Research, 2021, 28: 2063-2073.

[145] 艾鹏亚，李武．媒介使用如何影响垃圾分类行为？——以媒介依赖类

型为调节的双中介模型［J］. 新闻记者，2019（10）：55-62.

［146］曹光乔，张凡 . 农业技术补贴、社会网络与作业效率——以农作物秸秆还田服务为例［J］. 南京农业大学学报（社会科学版），2019，19（4）：117-125+159-160.

［147］陈飞宇 . 城市居民垃圾分类行为驱动机理及政策仿真研究［D］. 中国矿业大学博士学位论文，2018.

［148］陈祺琪，张俊飚，蒋磊，等 . 基于农业环保型技术的农户生计资产评估及差异性分析——以湖北武汉、随州农业废弃物循环利用技术为例［J］. 资源科学，2016，38（5）：888-899.

［149］陈绍军，李如春，马永斌 . 意愿与行为的悖离：城市居民生活垃圾分类机制研究［J］. 中国人口·资源与环境，2015，25（9）：168-176.

［150］陈世文，黄森慰，陈静，等 . 环境规制如何影响农户生活垃圾分类意愿——基于 2020CLES 公开数据［J］. 世界农业，2023（5）：104-115.

［151］程志华 . 农户生活垃圾处理的行为选择和支付意愿研究［D］. 西北大学博士学位论文，2016.

［152］褚昕宇 . 青少年体育锻炼习惯养成的影响因素及作用机制研究［D］. 上海体育学院博士学位论文，2021.

［153］崔亚飞，Bluemling B. 农户生活垃圾处理行为的影响因素及其效应研究——基于拓展的计划行为理论框架［J］. 干旱区资源与环境，2018，32（4）：37-42.

［154］邓正华，张俊飚，许志祥，等 . 农村生活环境整治中农户认知与行为响应研究——以洞庭湖湿地保护区水稻主产区为例［J］. 农业技术经济，2013（2）：72-79.

［155］丁志华，张鑫，王亚维 . 信息激励对垃圾分类意愿的影响研究［J］. 中国矿业大学学报（社会科学版），2022，24（6）：87-100.

［156］都田秀佳，梁银鹤 . 大饥荒与宗教信仰——基于 CGSS 数据的微观分析［J］. 南方经济，2018（4）：114-128.

［157］杜春林，黄涛珍 . 从政府主导到多元共治：城市生活垃圾分类的治理困境与创新路径［J］. 行政论坛，2019，26（4）：116-121.

［158］杜欢政，刘飞仁 . 我国城市生活垃圾分类收集的难点及对策［J］. 新疆师范大学学报（哲学社会科学版），2020，41（1）：134-144+2.

[159] 杜立婷，李东进．公共政策情境中行为习惯的形成机制与培养策略 [J]．心理科学进展，2020，28（7）：1209-1218.

[160] 杜立婷．购买习惯与态度忠诚的混淆与辨析 [J]．理论与现代化，2015（3）：95-101.

[161] 杜运周，刘秋辰，陈凯薇，等．营商环境生态、全要素生产率与城市高质量发展的多元模式——基于复杂系统观的组态分析 [J]．管理世界，2022，38（9）：127-145.

[162] 杜运周，贾良定．组态视角与定性比较分析（QCA）：管理学研究的一条新道路 [J]．管理世界，2017（6）：155-167.

[163] 盖豪，颜廷武，周晓时．政策宣传何以长效？——基于湖北省农户秸秆持续还田行为分析 [J]．复印报刊资料：农业经济研究，2022（3）：133-147.

[164] 高立，赵丛雨，宋宇．农地承包经营权稳定性对农户秸秆还田行为的影响 [J]．资源科学，2019，41（11）：1972-1981.

[165] 龚思羽，盛光华，王丽童．中国文化背景下代际传承对绿色消费行为的作用机制研究 [J]．南京工业大学学报（社会科学版），2020，19（4）：102-114+116.

[166] 龚文娟，彭远春，孙敏．母亲身份、社会交往、环境污染感知与中国母亲群体的环境行为 [J]．中国地质大学学报（社会科学版），2022，22（1）：22-36.

[167] 顾海娥．中国居民环境行为的城乡差异及其影响因素——基于 2013 年 CGSS 数据的分析 [J]．河北学刊，2021（2）：198-204.

[168] 顾丽梅，李欢欢．行政动员与多元参与：生活垃圾分类参与式治理的实现路径——基于上海的实践 [J]．公共管理学报，2021，18（2）：83-94+170.

[169] 郭利京，林云志，周正圆．村规民约何以规范农户亲环境行为？[J]．干旱区资源与环境，2020，34（7）：68-74.

[170] 郭清卉，李昊，李世平，等．个人规范对农户亲环境行为的影响分析——基于拓展的规范激活理论框架 [J]．长江流域资源与环境，2019（5）：1176-1184.

[171] 郭清卉，李昊，李世平．社会规范对农户化肥减量化措施采纳行为的影响 [J]．西北农林科技大学学报（社会科学版），2019（3）：112-120.

[172] 韩洪云，张志坚，朋文欢．社会资本对居民生活垃圾分类行为的影响

机理分析［J］. 浙江大学学报（人文社会科学版），2016，46（3）：164-179.

［173］韩韶君. 假定媒体影响下的居民生态环境行为采纳研究——基于上海市民垃圾分类的实证分析［J］. 中国地质大学学报（社会科学版），2020，20（2）：114-123.

［174］何可，张俊飚，张露，等. 人际信任、制度信任与农民环境治理参与意愿——以农业废弃物资源化为例［J］. 管理世界，2015（5）：75-88.

［175］何有幸，黄森慰，陈世文，等. 环境政策如何影响农户生活垃圾分类意愿——基于社会规范和价值认知的中介效应分析［J］. 世界农业，2022（5）：95-107.

［176］黄晓慧，杨飞，陆迁. 媒介使用对农民水土保持技术采用行为的影响——生态知识和生态风险感知的中介效应分析［J］. 长江流域资源与环境，2021，30（5）：1241-1251.

［177］黄炎忠，罗小锋，闫阿倩. 不同奖惩方式对农村居民生活垃圾集中处理行为与效果的影响［J］. 干旱区资源与环境，2021（2）：1-7.

［178］贾文龙. 城市生活垃圾分类治理的居民支付意愿与影响因素研究——基于江苏省的实证分析［J］. 干旱区资源与环境，2020，34（4）：8-14.

［179］贾亚娟，赵敏娟，夏显力，等. 农村生活垃圾分类处理模式与建议［J］. 资源科学，2019，41（2）：338-351.

［180］贾亚娟，赵敏娟. 生活垃圾污染感知、社会资本对农户垃圾分类水平的影响——基于陕西 1374 份农户调查数据［J］. 资源科学，2020，42（12）：2370-2381.

［181］贾亚娟，周星，赵敏娟. 农村居民生活垃圾分类意愿与行为悖离的影响研究——基于村庄环境、村庄制度的调节效应［J］. 江苏大学学报（社会科学版），2023，25（5）：70-85.

［182］贾亚娟. 社会资本、环境关心与农户参与生活垃圾分类治理的选择偏好研究［D］. 西北农林科技大学博士学位论文，2021.

［183］姜利娜，赵霞. 农村生活垃圾分类治理：模式比较与政策启示——以北京市 4 个生态涵养区的治理案例为例［J］. 中国农村观察，2020（2）：16-33.

［184］姜维军，颜廷武，张俊飚. 互联网使用能否促进农户主动采纳秸秆还田技术——基于内生转换 Probit 模型的实证分析［J］. 农业技术经济，2021（3）：50-62.

［185］蒋磊．安徽省宿州市埇桥区秸秆饲料化利用的发展思路［J］．畜牧与饲料科学，2016，37（5）：34-36.

［186］金鸣娟，卞韬．大众传媒在农村生态文明传播中的作用及对策研究［J］．东岳论丛，2015，36（11）：179-183.

［187］金莹，田昱翌．多元主体参与农村生活垃圾分类治理的行动逻辑——基于四类典型模式的分析［J］．重庆社会科学，2023（4）：94-109.

［188］李傲群，李学婷．基于计划行为理论的农户农业废弃物循环利用意愿与行为研究——以农作物秸秆循环利用为例［J］．干旱区资源与环境，2019，33（12）：33-40.

［189］李芬妮，张俊飚，何可．非正式制度、环境规制对农户绿色生产行为的影响——基于湖北 1105 份农户调查数据［J］．资源科学，2019，41（7）：1227-1239.

［190］李芬妮，张俊飚．饥荒经历对农户绿色生产技术选择的影响：促进还是抑制？［J］．华中农业大学学报（社会科学版），2022（5）：78-88.

［191］李佳洺，杨宇，樊杰，等．中印城镇化区域差异及城镇体系空间演化比较［J］．地理学报，2017，72（6）：986-1000.

［192］李鹏，张俊飚，颜廷武．农业废弃物循环利用参与主体的合作博弈及协同创新绩效研究——基于 DEA-HR 模型的 16 省份农业废弃物基质化数据验证［J］．管理世界，2014（1）：90-104.

［193］李莎莎，朱一鸣．农户持续性使用测土配方肥行为分析——以 11 省 2172 个农户调研数据为例［J］．华中农业大学学报（社会科学版），2016（4）：53-58+129.

［194］李玮，王志浩，刘效广．宣传教育对城市居民垃圾分类意愿的影响机制——环境情感的中介作用及道德认同的调节作用［J］．干旱区资源与环境，2021，35（3）：21-28.

［195］李武，杨吴悦，艾鹏亚．社交媒体使用、垃圾分类知识与自愿垃圾分类意愿——基于上海市青少年的实证研究［J］．新闻与传播评论，2023，76（3）：53-63.

［196］李献士．政策工具对消费者环境行为作用机理研究［D］．北京理工大学博士学位论文，2016.

［197］李晓静，陈哲，夏显力．数字素养对农户创业行为的影响——基于空

间杜宾模型的分析［J］. 中南财经政法大学学报，2022（1）：123-134.

［198］林丽梅，刘振滨，黄森慰，等. 农村生活垃圾集中处理的农户认知与行为响应：以治理情境为调节变量［J］. 生态与农村环境学报，2017，33（2）：127-134.

［199］凌卯亮，徐林，严淑婷. 公众对碳减排政策支持度的影响因素研究［J］. 湖北社会科学，2023（11）：39-51.

［200］凌卯亮，徐林. 社会规范策略对居民垃圾分类的助推效应：一个田野实验［J］. 治理研究，2023，39（1）：108-124+159-160.

［201］凌卯亮. 居民环保行为溢出效应的内在机理与影响因素研究［D］. 浙江大学博士学位论文，2020.

［202］刘浩，吕杰，韩晓燕. 互联网使用对农户生活垃圾分类处理意愿的影响研究——来自 CLDS 的数据分析［J］. 农业现代化研究，2021，42（5）：909-918.

［203］刘霁瑶，贾亚娟，池书瑶，等. 污染认知、村庄情感对农户生活垃圾分类意愿的影响研究［J］. 干旱区资源与环境，2021，35（10）：48-52.

［204］刘伟，蔡志洲. 新世纪以来我国居民收入分配的变化［J］. 北京大学学报（哲学社会科学版），2016，53（5）：134-145.

［205］刘莹，黄季焜. 农村环境可持续发展的实证分析：以农户有机垃圾还田为例［J］. 农业技术经济，2013（7）：4-10.

［206］刘余，朱红根，张利民. 信息干预可以提高农村居民生活垃圾分类效果吗——来自太湖流域农户行为实验的证据［J］. 农业技术经济，2023（1）：112-126.

［207］刘长进，王俊雅，李宁，等. 数字素养对农村居民"公"领域亲环境行为的影响研究［J］. 无锡商业职业技术学院学报，2023，23（4）：12-20+83.

［208］刘长进，王俊雅. 个体心理与外部情境因素如何驱动农村居民生活垃圾自觉分类行为——基于模糊集的定性比较分析［J］. 金融教育研究，2023，36（6）：46-54.

［209］娄敏. 城市垃圾源头分类影响因素研究——以天津市市内区为例［J］. 干旱区资源与环境，2020，34（4）：15-21.

［210］卢瑶玥，覃诚，方向明. 村规民约对农村养老福利的作用机制分

析——基于浙江省衢州市 28 个村的观察［J］. 中国农村观察，2023（2）：109-125.

［211］芦慧，陈振．我国从业者亲环境行为的内涵、结构与现状——基于双继承理论［J］. 中国矿业大学学报（社会科学版），2020，22（3）：145-160.

［212］芦慧，刘严，邹佳星，等．多重动机对中国居民亲环境行为的交互影响［J］. 中国人口·资源与环境，2020，30（11）：160-169.

［213］陆莹莹，赵旭．基于 TPB 理论的居民废旧家电及电子产品回收行为研究：以上海为例［J］. 管理评论，2009，21（8）：85-94.

［214］罗博文，孙琳琳，张珩，等．村干部职务行为对乡村治理有效性的影响及其作用机制——来自陕陇滇黔四省的经验证据［J］. 中国农村观察，2023（3）：162-184.

［215］吕荣胜，卢会宁，洪帅．基于规范激活理论节能行为影响因素研究［J］. 干旱区资源与环境，2016（9）：14-18.

［216］吕维霞，王超杰．动员方式、环境意识与居民垃圾分类行为研究——基于因果中介分析的实证研究［J］. 中国地质大学学报（社会科学版），2020，20（2）：103-113.

［217］马恒运．农户秸秆利用方式及行为影响因素研究——基于河南省农户调查［J］. 东岳论丛，2018，39（3）：28-35+191.

［218］马千惠，郑少锋，陆迁．社会网络、互联网使用与农户绿色生产技术采纳行为研究——基于 708 个蔬菜种植户的调查数据［J］. 干旱区资源与环境，2022，36（3）：16-21+58.

［219］孟小燕．基于结构方程的居民生活垃圾分类行为研究［J］. 资源科学，2019，41（6）：1111-1119.

［220］聂峥嵘，罗小锋，唐林，等．社会监督、村规民约与农民生活垃圾集中处理参与行为——基于湖北省的调查数据［J］. 长江流域资源与环境，2021，30（9）：2264-2276.

［221］潘明明．环境新闻报道促进农村居民垃圾分类了嘛？——基于豫、鄂、皖三省调研数据的实证研究［J］. 干旱区资源与环境，2021（1）：21-28.

［222］彭代彦，李亚诚，李昌齐．互联网使用对环保态度和环保素养的影响研究［J］. 财经科学，2019（8）：97-109.

［223］青平，向微露，张莹，等．中国文化背景下父辈影响子辈绿色产品购

买态度的社会化机制研究［J］. 中国人口·资源与环境，2013，23（S2）：240-243.

［224］邱成梅，苏健，张豫玺. 环境教育提高了大学生的垃圾分类意识和行为吗？——基于随机对照实验的实证分析［J］. 干旱区资源与环境，2022，36（5）：33-39.

［225］曲英. 城市居民生活垃圾源头分类行为研究［D］. 大连理工大学博士学位论文，2007.

［226］曲英，朱庆华. 情境因素对城市居民生活垃圾源头分类行为的影响研究［J］. 管理评论，2010，22（9）：121-128.

［227］桑贤策，罗小锋. 新媒体使用对农户生物农药采纳行为的影响研究［J］. 华中农业大学学报（社会科学版），2021（6）：90-100+190.

［228］尚燕，颜廷武，张童朝，等. 从众意识对农民秸秆焚烧危害认知的影响——基于鲁、鄂两省的农民调查［J］. 干旱区资源与环境，2018，32（2）：44-51.

［229］佘升翔，李事成，陈璟，等. 数字化绿色行为溢出效应：身份感的中介和心理所有权的调节［J］. 心理科学，2023，46（5）：1180-1187.

［230］申静，渠美，郑东晖，等. 农户对生活垃圾源头分类处理的行为研究——基于 TPB 和 NAM 整合框架［J］. 干旱区资源与环境，2020（7）：75-81.

［231］盛光华，龚思羽，解芳. 中国消费者绿色购买意愿形成的理论依据与实证检验——基于生态价值观、个人感知相关性的 TPB 拓展模型［J］. 吉林大学社会科学学报，2019（1）：134-145+222.

［232］石志恒，晋荣荣，慕宏杰，等. 基于媒介教育功能视角下农民亲环境行为研究——环境知识、价值观的中介效应分析［J］. 干旱区资源与环境，2018，32（10）：76-81.

［233］石志恒，张衡. 基于扩展价值-信念-规范理论的农户绿色生产行为研究［J］. 干旱区资源与环境，2020（8）：96-102.

［234］史海霞，孙壮珍. 城市居民 PM2.5 减排行为影响因素及应对策略研究［J］. 生态经济，2019（2）：202-207.

［235］史海霞. 我国城市居民 PM2.5 减排行为影响因素及政策干预研究［D］. 中国科学技术大学博士学位论文，2017.

［236］司开玲. 秸秆焚烧与农村环境危机：基于“代谢断裂”理论的思考

[J]. 中国农业大学学报（社会科学版），2018，35（4）：61-68.

[237] 宋成校，朱红根，张利民. 农村居民生活垃圾分类行为与意愿悖离研究——基于制度约束与社会规范的视角 [J]. 干旱区资源与环境，2023，37（6）：73-80.

[238] 宋国君，代兴良. 基于源头分类和资源回收的城市生活垃圾管理政策框架设计 [J]. 新疆师范大学学报（哲学社会科学版），2020（4）：109-125.

[239] 苏岚岚，彭艳玲. 农民数字素养、乡村精英身份与乡村数字治理参与 [J]. 农业技术经济，2022（1）：34-50.

[240] 孙慧波，赵霞. 农村生活垃圾处理农户付费制度的理论基础和实践逻辑——基于政社互动视角的审视 [J]. 中国农村观察，2022（4）：96-114.

[241] 孙旭友. 垃圾上移：农村垃圾城乡一体化治理及其非预期后果——基于山东省 P 县的调查 [J]. 华中农业大学学报（社会科学版），2019（1）：123-129+168.

[242] 谭爽. 城市生活垃圾分类政社合作的影响因素与多元路径——基于模糊集定性比较分析 [J]. 中国地质大学学报（社会科学版），2019，19（2）：85-98.

[243] 唐林，罗小锋，余威震，等. 农户参与村域生态治理行为分析——基于认同、人际与制度三维视角 [J]. 长江流域资源与环境，2020，29（12）：2805-2815.

[244] 滕玉华，刘长进，陈燕，等. 基于结构方程模型的农户清洁能源应用行为决策研究 [J]. 中国人口·资源与环境，2017，27（9）：186-195.

[245] 滕玉华，吴素婷，范世晶，等. 基于解释结构模型的农村居民生活自愿亲环境行为发生机制研究 [J]. 干旱区资源与环境，2022，36（11）：34-40.

[246] 汪兴东，宋汶璐，刘庚. 预期情感、生态认知与农村居民生活垃圾分类行为 [J]. 干旱区资源与环境，2023，37（8）：68-75.

[247] 王爱琴，高秋风，史耀疆，等. 农村生活垃圾管理服务现状及相关因素研究——基于 5 省 101 个村的实证分析 [J]. 农业经济问题，2016，37（4）：30-38+111.

[248] 王琛，李晴，李历欣. 城市生活垃圾产生的影响因素及未来趋势预测——基于省际分区研究 [J]. 北京理工大学学报（社会科学版），2020，22（1）：49-56.

［249］王建华，王缘．环境风险感知对民众公领域亲环境行为的影响机制研究［J］．华中农业大学学报（社会科学版），2022（6）：68-80.

［250］王建华，周瑾，马玲．亲环境购买行为溢出效应与内在机制研究——基于个人价值观、态度及认知的影响分析［J］．贵州财经大学学报，2023（6）：51-60.

［251］王建明，冯雨．绿色消费会传染吗？——绿色消费的社会扩散效应及其形成机制［J］．管理评论，2023，35（7）：185-198.

［252］王建明，吴龙昌．家庭节水行为响应机制研究：道家价值观视阈下的TPB拓展模型［J］．财经论丛（浙江财经学院学报），2016（5）：105-113.

［253］王建明．环境情感的维度结构及其对消费碳减排行为的影响——情感-行为的双因素理论假说及其验证［J］．管理世界，2015（12）：82-95.

［254］王金霞，李玉敏，黄开兴，等．农村生活固体垃圾的处理现状及影响因素［J］．中国人口·资源与环境，2011，21（6）：74-78.

［255］王晓楠．城市居民垃圾分类行为影响路径研究——差异化意愿与行动［J］．中国环境科学，2020，40（8）：3495-3505.

［256］王晓楠．阶层认同、环境价值观对垃圾分类行为的影响机制［J］．北京理工大学学报（社会科学版），2019，21（3）：57-66.

［257］王璇，张俊飚，何可．环保教育提高了农村居民生活垃圾治理参与意愿吗？——基于村干部身份的调节作用分析［J］．干旱区资源与环境，2021（8）：11-17.

［258］王学婷，张俊飚，何可，等．农村居民生活垃圾合作治理参与行为研究：基于心理感知和环境干预的分析［J］．长江流域资源与环境，2019（2）：459-468.

［259］王雨薇．结果意识对垃圾分类行为意愿的影响——基于NAM理论［J］．区域治理，2020（1）：61-63.

［260］温忠麟，叶宝娟．中介效应分析：方法和模型发展［J］．心理科学进展，2014，22（5）：731-745.

［261］温忠麟，张雷，侯杰泰，等．中介效应检验程序及其应用［J］．心理学报，2004（5）：614-620.

［262］温忠麟，张雷，侯杰泰．有中介的调节变量和有调节的中介变量［J］．心理学报，2006（3）：448-452.

［263］问锦尚，张越，方向明．城市居民生活垃圾分类行为研究——基于全国五省的调查分析［J］．干旱区资源与环境，2019，33（7）：24-30.

［264］吴建兴．社会互动、面子与旅游者环境责任行为研究［D］．浙江大学博士论文，2019.

［265］吴雪莲．农户绿色农业技术采纳行为及政策激励研究——以湖北水稻生产为例［D］．华中农业大学博士学位论文，2016.

［266］谢琨，樊允路．城市垃圾源头分类问题国内研究述评［J］．当代经济管理，2020，42（5）：79-84.

［267］徐林，凌卯亮，卢昱杰．城市居民垃圾分类的影响因素研究［J］．公共管理学报，2017（1）：142-153.

［268］徐林，凌卯亮．居民垃圾分类行为干预政策的溢出效应分析——一个田野准实验研究［J］．浙江社会科学，2019（11）：65-75+157-158.

［269］徐林，凌卯亮．垃圾分类政策对居民的节电行为有溢出效应吗?［J］．行政论坛，2017，24（5）：105-112.

［270］徐志刚，张炯，仇焕广．声誉诉求对农户亲环境行为的影响研究——以家禽养殖户污染物处理方式选择为例［J］．中国人口·资源与环境，2016，26（10）：44-52.

［271］许增巍，姚顺波，苗珊珊．意愿与行为的悖离：农村生活垃圾集中处理农户支付意愿与支付行为影响因素研究［J］．干旱区资源与环境，2016，30（2）：1-6.

［272］薛彩霞，黄玉祥，韩文霆．政府补贴、采用效果对农户节水灌溉技术持续采用行为的影响研究［J］．资源科学，2018，40（7）：1418-1428.

［273］杨莉，缪云伟，陈江华．高校奖惩制度对大学生垃圾分类意识与行为影响研究［J］．南京工业大学学报（社会科学版），2021，20（6）：42-57+111-112.

［274］杨秀娟．从“不知不觉”到“当知当觉”：习惯性手机使用及其与正念的关系［D］．华中师范大学博士学位论文，2021.

［275］杨智，董学兵．价值观对绿色消费行为的影响研究［J］．华东经济管理，2010，24（10）：131-133.

［276］姚金鹏，郑国全．中外农村垃圾治理与处理模式综述［J］．世界农业，2019（2）：77-82.

［277］易承志，王艺璇．社会资本对城市社区生活垃圾分类绩效的影响——基于上海H街道的案例分析［J］．北京行政学院学报，2021（5）：113-120.

［278］印子．法治社会建设中村规民约的定位与功用［J］．华中科技大学学报（社会科学版），2023，37（1）：27-36.

［279］余威震，罗小锋，黄炎忠，等．内在感知、外部环境与农户有机肥替代技术持续使用行为［J］．农业技术经济，2019（5）：66-74.

［280］岳婷，王茜茹，陈红，等．印象管理动机视角下个体情感对居民自愿减碳行为的影响研究［J］．江南大学学报（人文社会科学版），2022，21（2）：40-52.

［281］曾云敏，赵细康．环境保护政策执行中的分权和公众参与：以广东农村垃圾治理为例［J］．广东社会科学，2018（3）：209-218.

［282］张立，孙维茁，辛卓育．生活垃圾分类政策的新媒体动员路径研究——基于27个省会政务微博的定性比较分析［J］．新闻与传播评论，2023，76（6）：62-76.

［283］张利民，郄雪婷，朱红根．农村生活垃圾分类治理的国际经验及对中国的启示［J］．世界农业，2022（7）：5-15.

［284］张明，杜运周．组织与管理研究中QCA方法的应用：定位、策略和方向［J］．管理学报，2019，16（9）：1312-1323.

［285］张童朝，颜廷武，何可，张俊飚．有意愿无行为：农民秸秆资源化意愿与行为相悖问题探究——基于MOA模型的实证［J］．干旱区资源与环境，2019，33（9）：30-35.

［286］张晓杰，靳慧蓉，娄成武．规范激活理论：公众环保行为的有效预测模型［J］．东北大学学报（社会科学版），2016（6）：610-615.

［287］张怡，郄雪婷，张利民，等．社会资本对农村居民生活垃圾分类的影响研究［J］．农业现代化研究，2022，43（6）：1066-1077.

［288］张毅祥，郭旭升，郭彩云．员工节能习惯影响因素研究［J］．北京理工大学学报（社会科学版），2013，15（2）：10-15.

［289］张郁，万心雨．个体规范、社会规范对城市居民垃圾分类的影响研究［J］．长江流域资源与环境，2021，30（7）：1714-1723.

［290］张卓伟，赵霞．监督力度、奖惩制度与城市居民生活垃圾分类行为——以北京市为例［J］．城市问题，2023（7）：84-92+103.

［291］赵诗楠．基于绿色物流的垃圾分类处理行为分析［J］．物流工程与管理，2021，43（8）：171-173+170.

［292］郑淋议，杨芳，洪名勇．农户生活垃圾治理的支付意愿及其影响因素研究——来自中国三省的实证［J］．干旱区资源与环境，2019，33（5）：14-18.

［293］朱红根，单慧，沈煜，等．数字素养对农户生活垃圾分类意愿及行为的影响研究［J］．江苏大学学报（社会科学版），2022，24（4）：35-53.

［294］朱清海，雷云．社会资本对农户秸秆处置亲环境行为的影响研究——基于湖北省 L 县农户的调查数据［J］．干旱区资源与环境，2018，32（11）：15-21.

［295］朱润，何可，张俊飚．环境规制如何影响规模养猪户的生猪粪便资源化利用决策——基于规模养猪户感知视角［J］．中国农村观察，2021（6）：85-107.

［296］邹秀清，武婷燕，徐国良，等．乡村社会资本与农户宅基地退出——基于江西省余江区 522 户农户样本［J］．中国土地科学，2020（4）：26-34.

［297］左孝凡，康孟媛，陆继霞．社会互动、互联网使用对农村居民生活垃圾分类意愿的影响［J］．资源科学，2022，44（1）：47-58.

附录一

问卷编号：__________　　　　　　　　　　　　　录入员：__________

农村居民生活垃圾分类行为调查问卷

农民朋友，您好：

本次问卷是为完成国家课题研究而设置的，您的如实回答将对课题组提出政策建议具有重要价值，所有回答不分对错。课题组向您郑重承诺，绝对不会泄露您的隐私信息，也不会给您带来任何麻烦，请您不要有任何顾虑，放心作答。非常感谢您的支持！

被访者姓名		家庭住址	__________市（区）__________乡（镇）__________村 __________小组	
身份证号码			联系电话	

一、人口特征（在相应的选择上打√即可）

1	性别	1=男；0=女
2	年龄	__________岁
3	2021年您的年收入为	A. 1万元及以下；B. 1万~3万元；C. 3万~5万元；D. 5万~8万元；E. 8万元以上
4	您家里是否有中共党员	1=是；0=否
5	您是否担任村干部（包括曾经担任）	1=是；0=否

二、请根据您自身的判断，勾选出一个您认为最恰当的选项（在相应的选择上打√即可）

1=完全不同意；2=比较不同意；3=不确定；4=比较同意；5=完全同意						
1	在日常生活中，我总是出于习惯对生活垃圾进行分类	1	2	3	4	5
2	生活垃圾分类跟我个人没有太大的关系	1	2	3	4	5
3	我不知道农村居民需要对生活垃圾进行分类	1	2	3	4	5
4	平时我不太注意自己的行为，也不会特意对生活垃圾进行分类	1	2	3	4	5
5	我会主动劝说身边的亲戚朋友对生活垃圾进行分类	1	2	3	4	5
6	我认为生活垃圾分类可以提升自己的形象，所以我会主动对生活垃圾进行分类	1	2	3	4	5
7	我认为不对生活垃圾分类会遭到周围人的谴责，所以我会主动对生活垃圾进行分类	1	2	3	4	5
8	我能够积极参加村里举办的与生活垃圾分类相关的公益活动	1	2	3	4	5
9	我希望能够参加村里组织的与生活垃圾分类有关的会议	1	2	3	4	5
10	我希望能够参与村里关于生活垃圾分类政策和标准的制定	1	2	3	4	5

三、请根据您自身的判断，勾选出一个您认为最恰当的选项（在相应的选择上打√即可）

1=从来不；2=几乎不；3=有时会；4=经常会；5=总是						
1	在过去一年里，您使用抗病虫种子的频率	1	2	3	4	5
2	在过去一年里，您采用少耕免耕技术的频率	1	2	3	4	5
3	在过去一年里，您在农业生产中使用生物农药的频率	1	2	3	4	5
4	在过去一年里，您在农业生产中施用有机肥的频率	1	2	3	4	5
5	在过去一年里，您采用秸秆还田技术的频率	1	2	3	4	5
6	在过去一年里，您回收农膜的频率	1	2	3	4	5

四、请根据您自身的判断，勾选出一个您认为最恰当的选项（在相应的选择上打√即可）

1=完全不同意；2=比较不同意；3=不确定；4=比较同意；5=完全同意						
1	生活垃圾分类是我自然而然做的事情	1	2	3	4	5
2	我进行生活垃圾分类已经有很长时间了	1	2	3	4	5
3	我下意识就会进行生活垃圾分类	1	2	3	4	5
4	我总是主动进行生活垃圾分类	1	2	3	4	5
5	如果没进行生活垃圾分类我会觉得不舒服	1	2	3	4	5

五、请根据您自身的判断，勾选出一个您认为最恰当的选项（在相应的选择上打√即可）

1=完全不同意；2=比较不同意；3=不确定；4=比较同意；5=完全同意						
1	对生活垃圾进行分类更符合我的身份地位	1	2	3	4	5
2	我的家人认为应该对生活垃圾进行分类	1	2	3	4	5
3	我的邻居认为应该对生活垃圾进行分类	1	2	3	4	5
4	我希望在日常行为中能做到保护环境	1	2	3	4	5
5	我希望在日常行为中能做到防止污染	1	2	3	4	5
6	我希望在日常行为中能做到与自然界和谐相处	1	2	3	4	5

六、请根据您自身的判断，勾选出一个您认为最恰当的选项（在相应的选择上打√即可）

1=完全不同意；2=比较不同意；3=不确定；4=比较同意；5=完全同意						
1	政府有关垃圾分类的宣传教育对我进行生活垃圾分类有很大影响	1	2	3	4	5
2	我在政府宣传中了解到很多关于生活垃圾分类的政策	1	2	3	4	5
3	政府表彰进行生活垃圾分类的模范人物对我的影响很大	1	2	3	4	5
4	如果政府提供生活垃圾分类补贴或物质奖励，我会进行垃圾分类	1	2	3	4	5
5	我会使用智能手机和电脑等查找、浏览信息	1	2	3	4	5
6	我会利用智能手机、电脑等工具分享看到的信息	1	2	3	4	5

续表

1=完全不同意；2=比较不同意；3=不确定；4=比较同意；5=完全同意						
7	我会在朋友圈、QQ空间和抖音等平台上发布文字或短视频	1	2	3	4	5
8	我会采取相关措施保护个人数据及隐私（如设置密保）	1	2	3	4	5
9	我能利用智能手机、电脑等设备解决现实问题	1	2	3	4	5

七、请根据您自身的判断，勾选出一个您认为最恰当的选项（在相应的选择上打√即可）

1=完全不同意；2=比较不同意；3=不确定；4=比较同意；5=完全同意						
1	我对环保方面的法律法规的信任程度很高	1	2	3	4	5
2	我经常和亲朋好友聊一些关于环保方面的话题	1	2	3	4	5
3	我对农村生态环境保护的了解程度很高	1	2	3	4	5
4	如果没有保护环境，我不会感到愧疚	1	2	3	4	5

八、请根据您自身的判断，勾选出一个您认为最恰当的选项（在相应的选择上打√即可）

1	您是否对生活垃圾进行分类	1=是；0=否
2	您持续进行生活垃圾分类的时间是否超过一年	1=是；0=否
3	您村里是否有生活垃圾分类投放设施（如分类投放的垃圾桶）	1=是；0=否
4	您是否看到过分类投放的垃圾被清洁工混装在一起运走	1=是；0=否
5	您村里的清洁工多久收集一次垃圾	1=每周一次；2=每周两次；3=每周三次；4=每周三次以上
6	您对生活垃圾进行分类的频率	1=从不；2=偶尔；3=一般；4=经常；5=总是
7	您按照什么标准对生活垃圾进行分类	1=可回收（可卖钱）和其他；2=可回收（可卖钱）、厨余（可腐烂）和其他；3=可回收（可卖钱）、厨余（可腐烂）、有毒有害和其他

九、请根据您自身的判断，勾选出一个您认为最恰当的选项（在相应的选择上打√即可）

1	您是否通过网络工具（如微信、抖音、百度等）学习生活垃圾分类的有关知识	1=是；0=否
2	您是否使用新媒体（如手机、电脑等）查阅环境保护相关内容	1=是；0=否
3	您认为生活垃圾分类对生态环境的影响程度	1=非常小；2=比较小；3=一般；4=比较大；5=非常大

本问卷到此结束，我们再次表示衷心的感谢！

附录二

问卷编号：__________　　　　　　　　　　　录入员：__________

农村居民自愿垃圾分类行为调查问卷

农民朋友，您好：

本次问卷是为国家课题研究而设置的，您的如实回答将对课题组提出的政策建议具有重要价值，所有回答不分对错。课题组向您郑重承诺，绝对不会泄露您的隐私信息，也不会给您带来任何麻烦。请您不要有任何顾虑，放心作答。非常感谢您的支持！

被访者姓名		家庭住址	__________市（区）__________乡（镇）__________村 __________小组	
身份证号码			联系电话	

一、人口特征（在相应选择上打√即可）

01	性别	1=男；0=女
02	年龄	__________岁
03	您的学历	A. 小学及以下；B. 初中；C. 高中或中专；C. 大专；D. 本科及以上
04	2019 年您的年收入为	A. 1 万元及以下；B. 1 万~3 万元；C. 3 万~5 万元；D. 5 万~8 万元；E. 8 万元以上

二、请根据您自身的判断或想法，勾选出一个您认为最恰当的选项（在相应的选择上打√即可）

1=非常不信任；2=比较不信任；3=一般；4=比较信任；5=非常信任						
1	您对同村居民的信任程度	1	2	3	4	5
2	您对村干部的信任程度	1	2	3	4	5
3	您对政府政策的信任程度	1	2	3	4	5

三、请根据您自身的判断或想法，勾选出一个您认为最恰当的选项（在相应的选择上打√即可）

1=完全不同意；2=比较不同意；3=不确定；4=比较同意；5=完全同意						
1	受到我个人环保信念的驱动，即使没有垃圾分类政策的影响，我也会积极进行垃圾分类	1	2	3	4	5

四、请根据您自身的判断，勾选出一个您认为最恰当的选项（在相应的选择上打√即可）

1=完全不同意；2=比较不同意；3=不确定；4=比较同意；5=完全同意						
1	对我来说，实施亲环境行为（如垃圾分类、节电等）是轻而易举的	1	2	3	4	5
2	即使感到实施亲环境行为（如垃圾分类、节电等）有障碍，也不会放弃	1	2	3	4	5
3	只要我愿意，我可以很容易地实施亲环境行为（如垃圾分类、节电等）	1	2	3	4	5
4	我有时间、资源和机会在日常生活中实施亲环境行为（如垃圾分类、节电等）	1	2	3	4	5
5	我觉得我在日常生活中有责任对垃圾进行分类	1	2	3	4	5
6	生活垃圾不分类造成资源的浪费，我没有责任	1	2	3	4	5

五、请根据您自身的判断，勾选出一个您认为最恰当的选项（在相应的选择上打√即可）

1=完全不同意；2=比较不同意；3=不确定；4=比较同意；5=完全同意						
1	我通过多种途径（如广播、电视、报纸、手册等）获得有关环保的信息	1	2	3	4	5
2	宣传教育使我认识到对生活垃圾进行分类的重要性	1	2	3	4	5
3	废品回收网点有很多	1	2	3	4	5

本问卷到此结束，我们再次表示衷心的感谢！